家装预算不超标的全程清单

理想·宅 编

海峡出版发行集团 | 福建科学技术出版社
THE STRAITS PUBLISHING & DISTRIBUTING GROUP | FUJIAN SCIENCE & TECHNOLOGY PUBLISHING HOUSE

图书在版编目（CIP）数据

家装预算不超标的全程清单 / 理想·宅编 . —福州：
福建科学技术出版社，2019.6
ISBN 978-7-5335-5901-4

Ⅰ .①家… Ⅱ .①理… Ⅲ .①住宅 – 室内装修 – 建筑
预算定额 Ⅳ .① TU723.3

中国版本图书馆 CIP 数据核字（2019）第 080742 号

书　　名	家装预算不超标的全程清单	
编　　者	理想·宅	
出版发行	福建科学技术出版社	
社　　址	福州市东水路 76 号（邮编 350001）	
网　　址	www.fjstp.com	
经　　销	福建新华发行（集团）有限责任公司	
印　　刷	福建省金盾彩色印刷有限公司	
开　　本	790 毫米 ×1240 毫米　1/32	
印　　张	10	
图　　文	320 码	
版　　次	2019 年 6 月第 1 版	
印　　次	2019 年 6 月第 1 次印刷	
书　　号	ISBN 978-7-5335-5901-4	
定　　价	45.00 元	

书中如有印装质量问题，可直接向本社调换

前言

　　家居装修是个复杂而又漫长的过程，大多数人缺乏专业的装修知识与经验，所以选择将装修的事情承包给装修公司或是装修团队。但在这个过程中，由于对装修的不了解以及与装修公司或装修团队的沟通不清楚，很多人面临着预算超标、装修成品达不到预期效果、装修质量差等许多问题，而这些问题给我们生活带来的影响却不是微小的，如果不能合理地解决问题，则会直接影响到我们的生活质量。家装要想保持预算不超标的同时也能保证质量的话，除了在实际操作时抓住施工省钱的核心关键，还要注意前期自身规划和与装修公司的沟通，双管齐下，才能做到省钱与质高并存。

　　本书由"理想·宅 Ideal Home"倾力打造，系统设置与家居装修省钱相关的 10 大章节，从前期自身装修需求定位与预算规划开始，到选择装修公司、人员的关键，从材料选购、施工项目掌握、监理检查和软装挑选四大方面对家装省钱提出更明确、详细的解析。

　　同时本书还配有常见材料的预算价格和省钱小秘籍，直接给出省钱要点，更加简单易懂，即看即用。小开本的形式方便携带，适合即将装修和正在装修的业主使用，有问题时可以随时查阅，更贴心、更有效地帮助解决装修过程中的实际问题。

目录

CONTENTS

CONTENTS

目录

第一章
前期调查准备充足，规划预算投入

由于装修为一次性消费，在生活中面临的次数并不是很多，所以很多业主在装修时还是"菜鸟"级别，这就需要业主事先要对装修市场有个大概了解，学会根据预算选择家居装修目标以及了解装修中什么地方该省，什么地方不能省。只有前期做足准备工作，后期装修才能顺畅又省钱。

通晓装修基本流程，做好省钱第一步

大多数业主在第一次装修新家时，对一些家装的流程并不太熟悉，导致在装修的过程中十分疲累，结果装修效果还是不尽如人意。如果能够纵观装修的整个流程，做到心中有数，并且也能够因此提前规划好材料的订购、家具的选择等，就可使整个装修清晰流畅。

装修阶段的划分

装修过程大概可分为三个阶段：

01 土建阶段
主要包括前期设计、主体拆改、水电改造、木工、墙面刷漆等。

02 安装阶段
主要包括厨卫吊顶、橱柜安装、木门安装、地板安装、铺贴壁纸、开关插座安装、灯具安装、窗帘杆安装、五金洁具安装等。

03 收尾阶段
主要包括保洁、家具进场、家电安装、家具配饰等。

小贴士 **主体拆改前需要办理入场手续**

　　一般来说，办理入场手续需要装修队负责人的身份证原件与复印件、业主身份证原件与复印件、装修公司营业执照复印件、装修公司建筑施工许可证复印件，还有装修押金，办理之前可具体咨询一下所在的房屋管理处。

前期设计 → 主体拆改 → 水电改造 → 木工进场 → 贴砖

木门安装 ← 橱柜、烟机灶安装 ← 厨卫吊顶 ← 热水器安装 ← 墙面刷漆

地板安装 → 铺贴壁纸 → 散热器安装 → 开关插座安装 → 灯具安装

家电安装 ← 家具进场 ← 清扫保洁 ← 窗帘杆安装 ← 五金洁具安装

家居配饰

● 土建阶段　　● 安装阶段　　● 收尾阶段

调查对比装修市场，
找准货源更省钱

很多业主在不了解装修市场状况的情况下就开始装修新房，结果不仅装修周期很长，还多花了不少钱。因此在装修前，一定要对装修市场进行一次全面的调研，通过对比比较，选择出优质的市场或商家，这也为整个装修的质量保证打下了坚实的基础。

1. 了解市场调研的内容

（1）基本价格

家庭装修是一项经济活动，价格是很重要的考虑因素，尤其是在设计、施工价格方面，一定要有初步的了解，这样才能做到心中有数。

（2）市场状况

对装修市场的状况进行全面了解，应该到专业的机构、单位或组织去了解，如装饰协会、装饰服务中心等。

2. 了解市场中常见的装修陷阱

（1）设计阶段——增加不必要的设计成本

① **多做预算**。装修公司往往会在做预算时多算总价，这样一来便于与消费者讨

价还价，做个"顺水人情"，装修公司承包主材的工程，往往会在丈量材料时进行估价，让业主多花不必要的材料费。

② **报价陷阱**。一些装修公司把一个报价项目分为多个单项来报价，如将墙漆工程分成底漆、面漆等小项，每一小项看上去价格都不高，但加起来却高出"一大截"。还有的在预算中故意漏掉一些装修必有的固定项目，施工时消费者还必须为此付费。

③ **合同陷阱**。在签订合同时一定要认真阅读有关违约赔偿，有的合同上面写的是所有损失赔偿不超过合同总额的 10%。这样在签订合同后出了任何问题，装修公司赔偿很少，甚至不用负责任。

（2）采购阶段——材料偷换最常见

① **同品牌低质材料**。装修公司在报墙面涂料时仅写"某某漆"三字，但在具体施工时采用的却是最便宜的该品牌漆；有的装修公司会趁业主不注意时将优质材料换成劣质材料。

② **地板警惕龙骨或踢脚线**。有的装修工人会在龙骨或踢脚线上动手脚，用不好的材料代替。另外，掌握木地板铺装数量的计算方法也很重要，买了多少，铺了多少，剩下多少，这个账要心中有数。

③ **涂料量不够**。涂料包装有 5 升一桶的、10 升一桶的，但是里面装涂料的量却不一定如包装所示，原因就是以体积标注的量业主很难查验。

（3）施工阶段——合同外的工程使成本上升

很多合同中写着增减项要交纳管理费用。实际装修中，业主如感到原设计不合理，要求改动，装修公司就要按合同收取减项或改动管理费才肯改动。所以在签订合同或补充协议时，一定要写明，设计不符合要求或增加必要功能时，消费者有权免费增减项目。

（4）售后阶段——售后服务难以保障

很多装修公司或商家对于产品质量的约定都不明确，一般都是注明"按国家有关标准执行"，但这个"有关标准"的具体质量要求，业主却根本就不知道。因此业主最好在签订合同时，选择有约束力的场合，比如在卖场内签订，这样还能附带卖场的合同，或者选择第三方监管平台进行监督。

明确自身装修需求，减少多余开支

在拿到新房进行装修之前，首先要明确清楚每个居住人员对生活的需求，具体讨论出成员对新居室的理想取向，逐步了解自己与成员的喜好与习惯，将这些需求确认清楚，才能为今后的装修打好坚实的基础。

1. 制作需求表

在装修前，业主可以和家人对房屋装修的需求进行沟通，了解彼此对于装修的要求和嗜好，业主可以通过制作需求表的形式，清楚自己真正的习惯所在，更利于后期装修方向的确定。家居设计要想省钱，必须从整体规划开始。根据每一位家庭成员的生活习惯，划分家中的功能区域、确定插座位置及家具尺寸等，对家的基础设施要有一个基本判断。

- 本次装修的是新房还是旧房
  - ○新房　○旧房

- 计划动工时间
  - ○春季　○夏季　○秋季　○冬季

- 家庭成员组成
  - ○单身　○新婚　○三口之家　○四口之家　○三世同堂

- 户型需求
  - ○平层户型　○大户型（150 平方米以上）　○中户型（90~150 平方米）　○小户型（90 平方米以下）　○跃层户型　○错层户型　○复式户型　○别墅

○ 家居风格
　　○现代风格　○简约风格　○混搭风格　○中式风格　○北欧风格　○地中海风格
　　○欧式风格　○田园风格　○美式风格　○工业风格　○东南亚风格

○ 您和家人平时的爱好
　　○阅读　○打牌　○泡茶　○上网　○游戏　○看电影　○聚会　○其他

○ 平时在家烹饪的频率
　　○三餐规律　○偶尔下厨　○只烧开水　○不做饭

○ 您对机能的要求
　　○收纳为主　○空间设计感为主

○ 您家里家具的使用情况
　　○全新　　○沿用部分旧家具　　○沿用全部旧家具

○ 您最重视的空间
　　○玄关　○客厅　○餐厅　○卧室　○厨房　○卫浴间　○书房　○儿童房　○其他

○ 您对玄关的需求
　　墙面：○涂料　　　　○壁纸　　　　○玻璃　　　○板材　　○其他
　　地面：○复合地板　　○实木地板　　○瓷砖　　　○石材　　○其他
　　家具：○鞋柜　　　　○穿衣镜　　　○展示柜　　○衣架　　○其他

○ 您对客厅的需求
　　墙面：○涂料　　　　○壁纸　　　　○玻璃　　　○板材　　○其他
　　地面：○复合地板　　○实木地板　　○瓷砖　　　○石材　　○其他
　　家具：○电视柜　　　○沙发　　　　○茶几　　　○边几　　○其他

○ 您对餐厅的需求
　　墙面：○涂料　　　　○壁纸　　　　○玻璃　　　○板材　　○其他
　　地面：○复合地板　　○实木地板　　○瓷砖　　　○石材　　○其他
　　家具：○餐桌　　　　○餐椅　　　　○餐边柜　　○吧台　　○其他

○ 您对卧室的需求
　　墙面：○涂料　　　　○壁纸　　　　○玻璃　　　○板材　　○其他
　　地面：○复合地板　　○实木地板　　○瓷砖　　　○石材　　○其他
　　家具：○床　　　　　○衣柜　　　　○床头柜　　○沙发　　○梳妆台　　　○电视柜
　　　　　○收纳柜　　　○衣帽间　　　○书桌　　　○其他

○ 您对厨房的需求

墙面：○瓷砖　　○涂料　　○壁纸　　○其他

地面：○复合地板　○实木地板　○瓷砖　　○石材　　○其他

家具：○橱柜　　○吧台　　○其他

形式：○开放式　　○半开放式　○封闭式　○其他

○ 您对卫浴间的需求

墙面：○瓷砖　　○涂料　　○壁纸　　○玻璃　　○板材　　○其他

地面：○复合地板　○实木地板　○瓷砖　　○石材　　○其他

家具：○洗手台　　○浴缸　　○坐便器　○收纳柜　○穿衣镜　○其他

2. 确定空间分配

　　由于我们每个人有着不同的生活习惯和生活方式，所以实用的居室空间分配对于家庭每个人来说也是不同的，想让自己的家变得便捷而功能化，首先要确定日常生活中的活动和需求，这样才能更好地进行空间分配。

（1）考虑居家活动的空间大小和频率

　　大多数人都生活在有限的房屋空间里，却要发生很多项活动。由于受到空间限制，在设计时，要优先考虑频率较高的主要活动，可以给它一个固定而独立的空间，然后把发生频率较低的活动结合到一起，从而做到优化空间。

　　例如 一个两口之家的居室，由于房屋面积较小，所以没有独立的书房空间。但有时候居住者有处理工作事务或进行阅读学习的需求，因此就把看书写字这个静空间与卧室空间结合。而同时女主人每天都需要化妆，由于空间有限，可以把这两个功能需求结合到一起，将化妆台与书桌一体，既能节省空间，又能保证实用的功能存在。

（2）考虑家庭成员组成

　　家庭成员的组成和数量会影响居室空间的规划，单身人士、两口之家、三口之家，甚至四世同堂的家庭，对于空间的规划重点是不相同的。

　　例如 以一个三居室为例，如果居住的是一家四口，包括老人和孩子，那么在空间的分配上要考虑将远离卫浴间的卧室给老人住，保证老人夜间的休息环境，同时将靠近主卧室的次卧室变成儿童房，这样可以方便夜间照顾孩子。

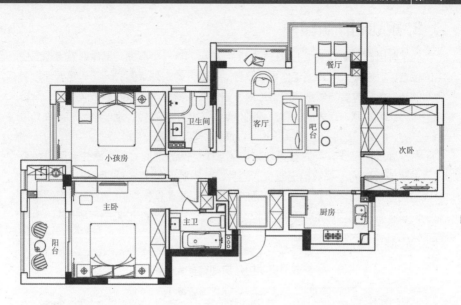

但对于三口之家而言，因为只有夫妻俩和孩子长期居住，所以可以选择将其中一间卧室变成其他用途。可以根据家庭成员的需求，将卧室改造成办公、学习为主的，比较安静的书房，也可以改造成轻松活泼、提供娱乐的游戏室。

对于新婚夫妇或者单身人士而言，三居室可能会显得面积过大，但从未来发展考虑，可能过了十年或二十年后，生活状态会发生很大变化，各个房间的规划也要有预留空间。就目前而言，新婚夫妇和单身人士对于空间的分配，重点在于动静分区，将活动区域与休憩区域区分，比如新婚夫妇可以将靠近客厅的卧室变成客房，方便家人或朋友来探访时使用。如果女主人有化妆的需求，可以将主卧内卫浴间改造成化妆室，可以节约来回进出主卧室与卫浴间的时间。

（3）了解成员的生活习惯

每个成员的生活习惯也同样影响着居室空间的划分，在装修前应该尽量弄清自己和家人的生活习惯，是喜欢独处还是喜欢社交娱乐，是想要安静平和的家居氛围还是热闹明快的氛围，这些都影响着空间的分配，甚至是家具、装饰、空间风格的选择。

以客厅为例，如果家庭成员有每天在客厅看电视的习惯，那么电视机的摆放位置最好正对着沙发，并注意最好避免电视机屏幕对着窗户，从而造成反光；如果成员比较偏向安静的独立空间，那么可以放弃客厅的视听功能，将其打造成开放式书房，成为阅读、休闲、聚会的场所。

📝 3. 规划制作版图

　　在了解自己及家庭成员的居住需求后，可以制作一个版图，具体地描绘理想住宅的设置，可以使接下来的工作更加顺畅。在最开始规划版图时，不一定要考虑资金的问题。首先需要与居住成员讨论对家更具体的概念，可以收集一些书籍、杂志内页作为参考对照，让大家能有直观的体验。这其中不光是卧室或客厅的图片，再小一些的，比如门把手，水龙头等也可以通过收集、摄影来制作版图。

　　对于版图的制作，问题在于如何描述各个房间的情况。那么居住者可以从杂志、书籍或互联网上寻找自己心仪的图片，分别制作各个房间的版图。也可以拍一些自己喜欢的室内照片，可以是酒店、咖啡厅或者是样板间。版图不但能帮助业主向设计师说明自己的内装感觉和世界观，在对自己的风格进行再确认时也有重要作用。

家庭成员希望各房间有多大面积

划分		居室名称	希望面积（平方米）
一楼	公共空间	客厅、餐厅	
		厨房	
	卫浴设施	浴室	
		盥洗室	
		更衣间	
	其他	收纳	
		玄关	
		楼梯及走廊等	
	合计		
二楼	私人空间	卧室	
		儿童房	
	其他	楼梯及走廊等	
	合计		
	总计		

第二章
装修费用了解通透，谨慎预算陷阱

装修前，业主应该对整个家装过程需要花费的资金有个大概的了解和费用估算，再根据装修公司提供的预算报价单来确定心里能承受的预算范围。装修费用了解透彻，合理制定预算是居室装修必不可少的前提条件。

了解装修费用的组成，心知肚明才能更省钱

装修费用大体上可以分为硬装费用和软装费用，更具体地划分，装修费用是由包括设计费、材料费、人工费和管理费等组成。要做好装修，就得提前弄清开支的项目，只有做好了项目的预算，才能在后面的装修施工当中有着参考的依据，才能更省钱。

设计费	材料费	人工费	管理费
设计费，即设计师或装修公司帮助进行房屋设计的费用，一般会占整个装修费用的5%~20%，而且这笔设计费用在装修之前就应该考虑在预算之中。	材料费在装修支出中所占比例最大，占到40%~45%，并且投入的越多，材料费的比例越大，选择什么档次的材料直接决定了装修费用的高低。	人工费是指工程中所耗的工人工资，其中包括工人直接施工的工资、工人上缴劳动力市场的管理费等。人工费约占装修总造价的30%。	管理费是业主装修时，装修公司对施工现场的工人、材料进行管理和监督所收取的费用，一般占总造价的15%~20%。

1. 装修预算具体费用

（1）主材费

指按施工面积或单项工程设计的成品和半成品的材料费用，如木地板、瓷砖、洁具等的费用。

（2）辅材费

指装修中难以明确计算的材料费用，如涂料、油漆、电线、水管、开关面板、板材、水泥、沙子、铁钉、水胶布、电工胶带、黏合剂等的费用。

（3）人工费

整个工程中需要支付的工人工资，如泥瓦工、木工、水电工、油漆工等的工资。

（4）设计费

设计费指施工前的测量费、方案设计费、施工图纸设计费，以及陪同选材、现场指导等跟踪服务费。

（5）管理费

指在装修中装修公司对施工现场的装修工人、装修材料进行管理和监督所收取

的费用。管理费的计算方式一般为（人工费 + 材料费）×（5%~10%）。

（6）税金

税金的计算一般为（人工费 + 材料费 + 管理费）×3.14%，有的装修公司会提出免去税金，但是不开发票。为了防止将来出现售后维修等问题，不建议这么做。

2. 装修预算总体费用

（1）硬装费用

硬装费用包括基础装修费用和固定家具费用，这部分费用有一些是由施工方负责的，有一些是需要业主自行负责的，自行负责部分的比例取决于包工形式。

> **基础装修费用**：水电、泥工、油漆、木工、折旧和相应的辅材费用等。
> **固定家具费用**：橱柜、鞋柜、背景电视柜、衣柜、储藏柜、台盆柜、餐边柜和书柜等固定不动的家具。

费用责任方	项目	备注
施工方	材料费	全包：主材、电料、辅料，包含所有用到的材料的费用
		清包：不负责任何材料费用
		半包：辅料，如水泥、各种钉子、腻子粉等的费用
	人工费	施工方支付给施工工人的工资和基本生活费用
	机械费	包括各类施工过程中需要用到的机械的使用费，例如电刨、圆锯等，又叫工料机直接费用，也可以叫直接费用
	综合管理费	施工方管理施工现场所收取的费用，又叫间接费用，包括公司员工的工资、保险费、项目经理活动费、办公用品费、设备折旧费、通信费、车费、财务费用等
	利润	施工方通过该工程获得的纯利润，其中还包括应向国家缴纳的税收部分

续表

费用责任方	项目	备注
业主	材料费	全包：不负责任何材料费用
		清包：主材、电料、辅料，包含所有用到的材料的费用
		半包：主材，如地砖、木工板、石膏板、洁具、灯具等的费用

（2）软装费用

软装费用包括主材配饰费用、家电设备和活动家具费用。采购有两种方式，一种是完全由业主自主采购，另一种是由装饰公司的软装设计师指导进行软装布置。

主材配饰费用：如灯具、卫生洁具、地板、墙纸、地砖、门窗、开关面板、装饰摆件、窗帘、玻璃镜子、小五金、软管角阀、门锁拉手、水槽等。

家电设备和活动家具费用：空调、地热、新风系统、冰箱、电视、洗衣机、热水器、油烟机、煤气灶、沙发、餐桌椅、床、书柜书桌、电视柜、茶几等。

费用责任方	采购方式	包括项目	优缺点
业主	完全自主采购	各类家具 布艺织物 摆件 花艺、绿植 餐具	优点：不用担心有隐含费用发生，完全可以自主随心
			缺点：不适合没有经验的人，搭配得不好反而会影响整体装饰效果
	软装设计师指导采购	各类家具 布艺织物 摆件 花艺、绿植 餐具	优点：系统化地指导设计，软装和硬装的搭配更协调、舒适
			缺点：需要支付给软装设计师额外的费用，可能还会含有隐藏费用，例如商家付给软装设计师的提成

弄清装修费用分配重点，把钱花在对的地方

装修费用的合理分配关系到整体预算的平衡，也是保证预算不超支的重要保证。在家庭装修前，如果手中资金有限，那么一定要提前弄清楚装修的重点在哪里，不能盲目装修，不分主次，这样不仅浪费资金，而且往往无法达到理想效果。

1. 按经济实力分配预算

	适合情况	单身人士或新婚夫妇
	建议分配重点	此类人群经济实力方面会相对薄弱一些，在进行装修时，需要做好计划，"轻装修重装饰"是非常合适的做法，具体来说就是顶面、墙面不做造型，"四白落地"或粘贴壁纸、壁贴等施工简单的材料。将预算的重点放在后期的软装配置上，用软装来明确风格走向，其中由于家具的使用频率较高，资金占据的比例可以大一些，其他如洁具、布艺织物、小装饰和装饰画可以选购低价范围内的高质量款式
中等型	适合情况	资金较充足但不希望装修得太华丽的人群
	建议分配重点	顶面和墙面仅在重点区域或部位做造型，在材料质量的选择上放宽一些预算；而后建议家具、织物和主要洁具放宽预算，其他小件饰品、装饰画等可以减少数量的方式来收紧预算，求精而不求多

续表

豪华型	适合情况	资金较充足、喜欢华丽装饰效果的人群
	建议分配重点	资金充足的人，可以在硬装方面增加一些预算，例如做一些吊顶、背景墙，使用高质量的地面材料等，但仍然不建议在造型上花费太多，使用的装修材料越多越容易有污染出现，不符合环保的理念。除此之外，可以放宽洁具、家具和电器等方面的预算，来提高生活品质并彰显自己的品位

2. 按户型特点分配预算

面积小家具多	户型特点	面积不大却需要摆放很多家具
	建议分配重点	在一些面积小的户型或者房间内，需要摆放的家具数量比较多，这种情况下建议墙不做造型，用色块或者壁纸做装饰，放宽主体家具的预算并减少纯装饰性物品的数量来节约资金
房高低	户型特点	房间的整体高度都比较低
	建议分配重点	虽然做局部的吊顶能够通过视觉上的高差来增加房高，但即使做吊顶的面积不大，仍然需要支付主材费用和工费。如果预算不充足，可以省掉这部分的花费，将购买灯具的款项增多一点，用漂亮的灯具来装饰顶部
公共区大卧室小	户型特点	客厅最大，餐厅次之，卧室比较小
	公共区放宽	公共区是家庭中的主要活动区域，所以可以重点装饰，预算分配得多一些。不喜欢做造型的情况下，可以在灯具、家具和地面材料的选择上放宽预算
	卧室收紧	卧室的主要功能是休息，做太多的造型装饰反而容易感到压抑，所以可以将预算的重点放在主体家具和布艺的选择上，其他部分可以收紧预算

续表

	户型特点	卧室比较多，除主卧外，还有书房、客房、儿童房或老人房等
	主卧室放宽	在卧室较多的户型中，建议将主卧室作为预算分配的重点，床头墙可以适量地带一些造型，而后将家具及软装部分作为占大头的部分来规划，让睡眠更舒适
	儿童或老人房适量	老人房和儿童房从环保角度来考虑，将预算的大头花在选购环保而又安全性高的家具和布艺织物上，装饰品也可以少一些

3. 按装修环节分配预算

装修资金分配方案按步骤分类，可体现在设计、硬装、软装、购买电器等四个环节上，资金分配比例各有不同。

硬装部分可再按照顶面、地面、四面墙来分类，其中包括吊顶、龙骨、灯具等。

软装部分可按布艺和家具分类，布艺包括窗帘、布艺制品、小装饰品等。家具包括家用电器、卫生洁具、橱柜等。

（小贴士）装修、家具、家电和装饰四大部分所占分配比例

① 方法一：装修（包括厨卫设备）占 50%，家具占 30%，家用电器及其他占 20%。

② 方法二：装修与家具、家电配套的投资比例在 1 : 1～1 : 2 之间。

各种开支所占比例（不包含电器）

装修公司（包括水电改造、墙面漆、墙地砖等施工） **24%**

木门（成品包括：窗套、垭口、踢脚板） **14%**

橱柜 **16%**

地面材料 **14%**

厨卫墙砖及洁具 **11%**

窗帘布艺 **2%**

灯具及开关插座 **3%**

烟机灶具及龙头、花洒 **9%**

不可预见开支 **7%**

初步制定装修预算规划，做到心中有数不乱花

装修前，业主应该对整个家装有个初步的预算规划，在弄清楚基本的流程与重点施工比例后，制定好合理的装修预算规划，这样能够保证后期装修不盲目、不糊涂，减少预算支出超支超标的问题出现。

发包方式

包工形式可以分为全包、清包和半包三种，分别为施工方完全负责材料的采购和施工、施工方只负责施工，以及施工方负责施工和辅料。每一种方式各有其优劣，可以根据自身的情况来选择合适的方式。

装修档次

装修的档次可分为四种：经济型、中档型、高档型、豪华型。装修档次的不同，也说明了所需的资金预算高低不同，业主可以根据自身预算实际情况，来选择合适的装修档次。

施工方差别

施工方通常是装饰公司或施工队，其中装饰公司又包含几种类型，相比较来说装饰公司要比施工队更正规，但价格也要更高。想要找一个负责任的施工方，还是需要业主在深入了解后再作决定。

1. 发包方式

（1）全包

全包是指装饰公司根据客户所提出的装饰装修要求，承担全部工程的设计、施工、材料采购、售后服务等一条龙服务。

> **基础装修：** 墙体改动、水电改造、地面防水处理、地墙砖铺贴、墙面和顶面涂刷、卫生洁具安装、五金件安装、灯具安装。
> **造型设计：** 电视墙造型和客厅、餐厅、卧室、玄关、衣帽间的吊顶。
> **木作施工：** 主要包括鞋柜或电视柜等，如自行购买可省去。

这种承包方式一般适用于对装饰市场及装饰材料不熟悉的业主，且他们又没有时间和精力去了解这些情况。采取这种方式的前提条件是装饰公司必须深得业主信任。在装饰工程进行中，不会产生双方因责权不分而出现的各种矛盾，同时也为业主节约了宝贵的时间。

优点	缺点
◆ 节省业主大量的时间和精力； ◆ 责权较清晰，一旦装修出现质量问题，装修公司的责任无法推脱。	◆ 容易产生偷工减料的现象； ◆ 装修公司在材料上有很大的利润空间。

小贴士 提前列出购料清单

如果对材料不太熟悉，最好让工人提前列出购料清单，并集中购买，提前规划少跑腿；购买时若对市场行情不太了解，尽量选择去建材超市进行采买；购买后要保留好每种材料的销售凭证。

（2）半包

半包方式是目前市面上采取最多的方式，由装饰公司负责提供设计方案、全部工程的辅助材料采购（基础木材、水泥砂石、油漆涂料的基层材料等）、装饰施工人员及操作设备等，而客户负责提供装修主材，一般是指装饰面材，如木地板、墙地砖、涂料、壁纸、石材、成品橱柜的订购安装、洁具灯具等。

装修公司半包基础装修：水电、瓦工、木工、油漆。
业主自购：配套的开关底盒、强电箱、弱电箱、单极空开、双极空开、带漏电功能的40A双极空开、灯具、86型或者118型的开关插座配套、水阀、蹲便器、浴室柜、地漏、瓷砖阳角线、瓷砖勾缝剂等

这种方式适用于大多数家庭装修，消费者在选购主材时需要消耗相当的时间和精力，但主材形态单一，识别方便，外加色彩、纹理都可以按个人喜好设定，绝大多数家庭用户都乐于用这种方式。

优点	缺点
◆相对省去部分时间和精力； ◆自己对主材的把握可以满足一部分"我的装修我做主"的心理； ◆避免装修公司利用主材获利。	◆辅料以次充好，偷工减料； ◆如果出现装修质量问题常归咎于业主自购主材。

小贴士　选择合适可靠的装修公司

选可靠的装修公司非常重要，选择合适可靠的装修公司可能出现物美价廉的结果；但选择不当，则会出现并不理想的后果。其次，在合同里要写明确哪些材料由顾客买，哪些材料由装饰公司提供，以免出现问题后装修公司推卸责任。

（3）包清

清包也叫包清工，是指装饰公司及施工队提供设计方案、施工人员和相应设备，由业主自备各种装饰材料的装修方式。

这种方式适合于对装饰市场及材料比较了解的客户，通过自己的渠道购买到的装饰材料质量可靠，经济实惠，不会因装饰公司在预算单上漫天要价、材料以次充好而蒙受损失。但在工程质量出现问题时，双方责权不分，如有些施工员在施工过程中不多加考虑，随意取材下料，造成材料大肆浪费，从而给业主带来一定的经济损失，这些都需要业主在时间精力上有更多的投入。

优点	缺点
◆将材料费用紧紧抓在自己手上，装修公司材料零利润；如果对材料熟悉，可以买到最优性价比产品； ◆极大满足自己动手装修的愿望。	◆耗费大量时间掌握材料知识； ◆容易买到假冒伪劣产品； ◆无休止砍价导致身心疲惫； ◆运输费用浪费； ◆对材料用量估计失误引起浪费； ◆工人是不会帮你省材料的； ◆装修质量问题可能会全部归咎于材料。

小贴士 自己承包装修有挑战

如果业主有丰富的装修经验以及人脉关系，那么可以尝试包清工的方式来打造理想家园。可以使用大胆、创新的设计方案，对自己的家进行改造，这不仅是对自己的挑战，完成后也会拥有巨大的成就感。

2. 装修档次

（1）经济型装修

① **装修内容**。经济型装修也就是常见的普通装修，如包门包窗、厨房卫生间铺贴地砖、塑扣板或铝扣板吊顶、少量水电改造、厨卫设施安装、地面铺砖或复合木地板、踢脚线、暖气罩、窗帘盒、墙顶刷涂料。

② **装修特点**。这种装修一般不需要或很少有室内设计，格局上也没有大的改动，并且主要是靠业主自行请队伍施工。在装修过程中很少用到高档材料，尽量以经济实惠的材料进行代替。

③ **装修难点**。经济型装修事无巨细，需要业主掌控每个环节和细节，所以容易出现工艺质量和效果达不到自身的要求或造成材料的浪费。

（2）中档型装修

① **装修内容**。中档型装修除了标准性的装修内容外，还可以请设计师融入设计理念，使居室拥有设计主题及风格，因此可以制作与此主题或风格相符合的装饰，如艺术造型吊顶、文化主题墙、沙发背景墙、床背景墙、端景，以及一些充满风格感的家具。

② **装修特点**。中档型装修可享受到装修公司的一些服务，如设计师可以陪同购买主材、工程监理帮助控制工艺质量、售后人员协助做好售后服务等，所以在一定程度上减轻了业主装修的压力。

（3）高档型装修

① **装修内容**。高档型装修与中档型装修的区别主要在于设计、施工工艺和主材的材料档次。高档型装修一般会邀请有经验的设计师提供设计方案、工艺精湛的特级施工队以及售前售中售后所有环节员工及时、周到、完善的服务。

② **装修特点**。如果业主将自己的装修定位为高档型装修，一定要充分考察装修市场，选择一些知名度高的公司，尽量实地考察公司的实力和以往的业绩，如果条件允许最好可以查看该装修公司正在施工的工地，从工地实际情况判断是否足够专业。

3. 施工方差别

（1）装饰公司与施工队的差别

装饰公司	施工队
◆ 装饰公司具有专业执业资格，包括"建筑装饰企业资质证书"、营业执照等。	◆ 施工队通常是由工头组织的几个不同工种的师傅，没有营业执照。
◆ 整个流程非常系统化，前期会出具装修效果图，让业主在心里对最后的装修效果有一个大概的了解，并可以在开工前期对不满意的地方做调整。	◆ 工人师傅一般是靠指挥来操作的，没有专业的设计人员。
◆ 方案满意后，大部分专业的装饰公司还会做一个较为详细的报价单，让业主清楚地知道哪些项目需要花费多少钱，使用的材料数量等。	◆ 需要业主自行设计而后指哪打哪，随机性强，如果业主有过装修经历或有专业设计知识，那么可以节省不少支出。但如果没有任何经验，那么通常效果都不会太满意。
◆ 在后期的软装布置上，高级的装饰公司也会有专业设计人员来指导完成，完工后还会有一定时间的质保期，售后服务较完善。	◆ 没有明确的报价单，缺什么材料业主就买什么材料，需要业主自己提前规划好和确定好。
	◆ 组织性较差，通常是每种工种完工即走，没有任何工费抵押，所以也完全没有售后服务。

小贴士 施工队适合有监工经验或设计经验的业主

　　由于施工队没有广告费、管理费等附加费用，所以整体费用是比装饰公司少的，但却需要业主付出更多的精力来操控整体。如果本身很有设计和监理经验，并且不需要现场做太多的柜子而是定制家具，那么是可以考虑由比较有经验的施工队来施工的。

（2）不同类型装饰公司的差别

连锁型	此类装饰公司管理通常都有固定的流程，主材有自己的联盟品牌，部门划分较细致，功能齐全，售后服务也能够保证。但实际上大部分是采取加盟的形式而非直营，所以某地区的该品牌做得好并不意味着其他地区的该品牌也做得好，本地装饰公司的设计师和施工队的素质好坏决定着综合素质的优劣。除非是总部或高端设计部，否则品牌并不一定代表着品质
中小型	一般就是设计师或施工经理从其他装饰公司内积攒一定经验和客户后，联系几个自己熟悉的施工队伍组建的公司，施工队并不一定只属于公司，只是有工程的时候进行施工，两者属于合作性质。根据创建者身份的不同，大多只是某一方面的能力比较强，例如设计能力强或施工能力强，由于装修是需要多部门配合的工作，所以此类公司通常综合能力一般
网络型	随着网购不断地深入人心，网络型装饰公司也不断地出现，但是通常能力比较单一，只负责设计方案，目前来说缺点还是比较多的，无法面对面沟通就无法详细地了解设计师的综合素质，而且仍然需要自己解决施工事项
高端设计室、品牌高端设计分部等	综合素质较优质的一类公司，设计比较专业，不仅硬装方面很强，软装通常还配有软装设计师进行方案的策划和装饰的指导。但通常收费也较高，一般是设计费和施工费分开收费的，设计费明码标价。这些机构都能提供很好的设计方案并保证施工质量，集结的通常是行业精英，所以品质卓越，设计和施工投入的精力都很到位，装修装饰效果自然到位，全部采用主流品牌的材料，更容易出效果

✅ 小户型预算重点可放在格局上

小户型的居室面积有限，通常为 30~90m²，大部分居住者都是年轻人，其中新婚夫妇占据了很大的比例。这部分人群资产有限，需要为以后的生活预留一些保障金，所以装修方面的资金压力比较大。在进行预算分配时，可以着重于格局的改造，为以后家庭成员的变动预留充足空间，而后简化硬装，不做或少做造型设计，将较多的资金留给价格比较灵活的软装。

✅ 大中户型可适当增加硬装比例

中户型和大户型的面积有所增加，一般在 90~200m²，居住者通常为中年人或二代同堂等，经济方面有一定的积累。房屋面积的增加使房间数量、墙面面积都有所增加，所以改造费用也应适当扩大分配比例。而在面积增大的同时，如果顶面和墙面不做任何造型，难免会显得有些空旷，相较于小户型来说，可适当增大硬装部分的资金分配比例。

✅ 别墅改造重在水电

别墅的格局要比楼房更舒适、开阔一些，除非特殊需要，通常无需做太大的改动。但房间较多，为了居住得更方便、舒适，水电方面宜根据不同使用者的需求来进行设计，所以这方面的预算宜作为改造部分的重点来规划。

学会计算装修面积，
才能一省到底不花冤枉钱

一般情况下，装修费用的多少主要取决于装修面积的大小，但装修面积与房屋的实际面积却不一样。因此，在装修前业主一定要对房屋的装修面积，如墙面、顶面、地面、门窗等部分进行测量，做到心中有数，这样才能做好整体预算规划，不多花冤枉钱。

1. 测量基础知识

（1）装修面积

装修面积是指计算家庭装修中所需要测量的内容，大致分为墙面、天棚、地面、门窗等几个部分。使用面积从字面意思为户主真正所使用的面积，专业的说法是指建筑物各层平面中直接为生产或生活使用的净面积之和。

建筑面积大于使用面积，是在使用面积的基础上还加上了墙体所占用的面积，一般使用面积占据建筑面积的 70% 左右。

（2）装修面积计算

装修面积一般指的是室内地面面积，若户型都较为周正，每间房面积相加即可得出地面面积。但如果是复式楼和跃层楼则不能简单翻倍，应除掉楼梯面积。如果地面有高低台阶，那么地面面积还得减去台阶的高度面积；顶面面积基本上与地面面积是一致的，但如果顶棚设计了造型吊顶、吊平顶，则应把造型吊顶面积、吊平顶面积和未吊顶的顶棚面积分开计算；墙面积算起来比较复杂，计算时应注意扣除门、窗面积和固定家具面积。

🔖 2. 测量准备工作

（1）测量工具

钢卷尺、白纸、不同颜色签字笔。

（2）测量方法

① 绘制室内平面草图。

② 标明墙身厚度，将门窗、洗手盆、浴缸、灶台、橱柜等一切固定设备的位置全部确定好。

③ 画完草图后，用钢卷尺进行测量。在每个房间内顺时针方向一段一段地测量，用蓝色签字笔将尺寸在草图上标明。再用同样的方法，把固定设备的高度量好并记录在草图上。

④ 用红色签字笔在草图上写上原有水电设施位置的尺寸（包括开关、天花灯、水龙头、煤气管的位置以及电话、电视出线位等）。

🔖 3. 测量面积

（1）顶面面积

顶面（包括梁）的装饰材料，包括涂料、吊顶、顶角线（装饰角花）及采光顶棚等。顶面施工面积均按墙与墙之间的净面积以平方米为单位计算，不扣除间隔墙等所占的面积。顶角线长度按房屋内墙的净周长以米为单位计算。

（2）墙面面积

墙面（包括柱面）的装饰材料一般包括涂料、石材、墙砖、壁纸、软包、护墙板、踢脚线等。计算墙面面积时，材料不同，计算方法也不同。

涂料、壁纸、软包、护墙板的面积	◆ 长度乘以高度，以平方米为单位计算。长度按主墙面的净长度计算； ◆ 高度的计算方式为：无墙裙的从室内地面算至楼板底面，有墙裙的从墙裙顶点算至楼板底面。有吊顶的从室内地面（或墙裙顶点）算至天棚下沿再加 20 厘米； ◆ 门窗所占面积应扣除，但不扣除踢脚线、顶角线、单个面积在 0.3m^2 以内的孔洞面积以及梁头与墙面交接的面积

续表

镶贴石材和墙砖面积	按实铺面积以平方米为单位计算
踢脚板面积	按居室内墙周长计算,以米为单位计算

(3)地面面积的计算方法

地面的装饰材料一般包括木地板、地砖(或石材)、地毯、楼梯踏步及扶手等。

地面面积	按墙与墙间的净面积以平方米为单位计算,不扣除间隔墙等所占面积
楼梯踏步的面积	按实际展开面积以平方米为单位计算,不扣除宽度在30厘米以内的楼梯井所占面积
楼梯扶手和栏杆的长度	可按其全部水平投影长度(不包括墙内部分)乘以系数1.15以延长米为单位计算。其他栏杆及扶手长度直接以延长米为单位计算

4.测量面积注意事项

(1)获取标准详细的平面图

在对实际面积进行测量之前,一定要首先拿到标准详细的住宅平面图,这样测量的数据会更加准确,在平面图中主要数据有:各房间的轴线尺寸;外墙的总尺寸;各房间的使用面积。

(2)注意细节计算

在计算装修面积的时候要扣除墙与墙之间的面积,例如地面面积要按照墙与墙间的净面积以平方米来计算,有需要扣除的要备注清楚,不扣的也要备注清楚。

(3)按照现场测量计算

在计算装修面积的时候要根据装修的实际情况进行现场测量,例如装修的时候,柜子和橱柜等的计算,除非已经注明好的,其余的要按照水平方向的长度或者是展开面积来进行计算。

第三章
家居风格定位准确，缩减杂乱花费

家居风格多样，在面对各种家居风格选择时，业主可以先依据个人喜好、成员需求与资金预算综合考虑，来确定装修风格，这样可以避免出现风格诉求不清楚、中途返工等容易造成预算超标的问题。

现代风格突破传统，
合理布局减少支出

现代风格提倡突破传统，追求时尚、潮流和创造革新，注重结构构成本身的形式美，讲究突出材料自身的质地和色彩的配置效果。所以在现代风格的住宅中，并不需要做太多的墙面装饰和使用太多的软装，恰到好处的布局，能够省去很多不必要的开支。

材料选用

现代风格在选材上不再局限于石材、木材、面砖等天然材料，一般喜欢使用新型的材料作为室内装饰及家具设计的主要材料，因此可以在材料选择上减少预算支出。

家具选择

现代风格家具整体线条简洁流畅，摒弃了传统风格的繁琐雕花，以几何造型居多。充满设计感的家具不仅能体现风格特色，相比复杂工艺的家具也能减少一部分开支。

装饰搭配

装饰配件的选择可以用个性化的新型材质装饰代替繁琐昂贵的天然材质装饰，通过合理的摆放布局，凸显出装饰特点，将风格特色又实惠又好地表现出来。

🏠 1.材料选用

（1）大理石

大理石用在背景墙或整体墙面上时多做抛光处理，再搭配不锈钢包边或嵌条，可营造时尚感。

市场估价在120～380元/平方米

（2）不锈钢

不锈钢的表面具有镜面反射作用，可与周围环境中的各种色彩、景物交相辉映，时尚而不夸张。

市场估价在15～35元/米

（3）镜面玻璃

镜面玻璃造型以条形或块面造型最为常见，可选择整幅图案式的烤漆玻璃作为背景墙，但图案须符合风格特征。

市场估价在80～380元/平方米

（4）马赛克

将马赛克经过设计铺贴成图案，可以是单个材料，也可以将两种或多种材料混合，达到个性的效果。

市场估价在110～260元/平方米

（5）棕色、黑色饰面板

结合现代的制作工艺用在背景墙部分，造型不会过于复杂，大气而简洁，常会搭配不锈钢组合造型。

市场估价在85～248元/张

2. 家具选择

（1）结构式沙发

沙发造型不再仅限于常规的款式，直线条简洁款式更多地出现在主沙发上，而双人沙发或单人沙发则在讲求功能性的基础上，更多地体现出结构的设计。

市场估价在800～6000元/张

（2）不规则造型几类

不规则的形状非常具有代表性，材料方面非常丰富，例如实体金属、玻璃、板式、大理石等。

市场估价在600～2300元/个

（3）具有设计感的床

床头多使用软包造型，但并不如欧式床那么复杂，包边材料较多样，例如布艺、不锈钢、板式木等。

市场估价在500～3500元/张

（4）板式桌、柜

板式桌、柜简洁、精炼，其中以电视柜、大衣柜、收纳柜、装饰柜以及写字桌等为主。

市场估价在2200～3600元/件

（5）变化多端的座椅

座椅不似沙发那样限制性比较大，而是更随意，材料使用上没有什么限制，金属、曲木、皮革、布艺，甚至是玻璃纤维等新型材料都可组合。

市场估价在800～2500元/张

3. 装饰搭配

（1）直线条为主的灯具

直线条组合为主的几何形灯泡、结构性强的吊灯，非常符合现代风格的特征，材料多以金属、玻璃为主。

市场估价在200～2200元/盏

（2）无框装饰画

无框画因没有边框的设计，很适合现代风格的墙面造型设计，可以与墙面的造型很好地融合在一起，使空间设计看起来更加整体。

市场估价在150～600元/组

（3）少花纹、纯色或条纹布艺

少花纹、纯色或条纹图案的布艺可以减少混乱感，而小面积的布艺可以加一点亮片或长毛材质。

市场估价在200～1100元/组

（4）金属材料的小饰品

金属工艺品具有十分亮眼的金属光泽，虽然小却极具现代特点，摆放在空间中能够提升空间的趣味性。

市场估价在300～1200元/个

（5）珠线帘

珍珠帘、线帘、布帘等个性化珠线帘装饰空间，不仅时尚、个性，而且可以作为软隔断来使用。

市场估价在90～220元/个

简约风格设计含蓄，重装饰轻装修更节约

简洁、实用、省钱，是简约风格的基本特点。其风格的特色是将设计元素、色彩、照明、原材料简化到最少的程度，但对色彩、材料的质感要求很高。因此，简约的空间设计通常非常含蓄，往往能达到以少胜多、以简胜繁的效果。

材料选用

简约风格在材料的选用上依然遵循简洁实用的理念，一般花费不会很高，但却可以充分营造出风格特点，像涂料、壁纸、抛光砖、通体砖、石膏板造型等。

家具选择

简约风格的家居中，可以选择多功能家具或横平竖直的家具，既不会占用过多的空间面积，同时也能压缩不少的预算支出。

装饰搭配

配饰选择应尽量简约，以实用方便为主；此外，可以用少量的精致装饰代替过多装饰的堆砌，不仅能展现简约风格特点，还能节约更多的装修预算。

1. 材料选用

（1）纯色涂料

涂料是家居中常见的装饰材料，色彩丰富、易于涂刷。简约风格的居室中常用纯色涂料将空间塑造得干净、通透。

市场估价110～260元/桶

（2）釉面砖

釉面砖防渗，可无缝拼接，基本不会发生断裂现象，与简约风格追求实用的理念不谋而合。

市场估价220～350元/平方米

（3）爵士白大理石

在简约风格的客厅中，一般选择将爵士白大理石整块铺设在墙面，搭配不锈钢边条，或者是在表面上悬挂色彩艳丽的装饰画。

市场估价160～280元/平方米

（4）黑镜

黑镜的造型通常以竖条的形式出现，结合白色的墙面石膏板造型，使一面墙看起来充满黑白对比效果。

市场估价130～180元/平方米

（5）纯色或简练花纹壁纸

在简约家居的客厅电视墙、沙发墙，卧室或书房的墙面上，使用纯色或简练花纹的壁纸，可以为简约居室增添层次感。

市场估价50～350元/平方米

2. 家具选择

（1）多功能家具

选择简约设计的家居，往往是中小户型，户型面积有限。因此选择家具时，最好为多功能，一物两用，甚至多用。

市场估价2200~4200元/套

（2）直线条家具

简约风格在家具的选择上延续了空间的直线条，横平竖直的家具不会占用过多的空间，同时也十分实用。

市场估价1800~3400元/套

（3）几何形简洁几类

几类家具并不仅限于方正的直线造型，也可以选择圆形、椭圆形、圆弧转角的三角形等形状，但整体造型要求简洁、大气。

市场估价350~2000元/个

小贴士 选择实用又便宜的家具

简约家居风格的线条简单、装饰元素少，因此软装到位是简约风格家居装饰的关键。家具选择应尽量简约，没有必要显得"阔绰"而放置一些较大体积的家具，尽量以实用方便为主。这样既能凸显风格特点，也不会在装饰上花费过多预算。

🖼 3. 装饰搭配

（1）简约风吸顶灯

吸顶灯在安装时底部完全贴在屋顶上，造型往往较为简洁，但形状却很多样。既有装饰性，又不会过于繁琐。

市场估价在900～1700元/个

（2）黑白装饰画

黑白装饰画虽然简单，却非常适用于简约家居。选购时尽量选择单幅作品，最多一组之中不要超过3幅。

市场估价在400~1200元/组

（3）鱼线吊灯

鱼线形吊灯外形明朗、简洁，配上简单的灯泡光源，形成了独特的简约美，同时提升了空间的品质。

市场估价在200~800元/盏

（4）纯色布艺

现代简约家居风格中的布艺多为纯色系，没有过于花哨的图案和色彩与整体风格相冲突，还能节省预算支出。

市场估价在100~800元/组

（5）简单造型饰品

饰品摆件不宜过于复杂与精致，可以是造型简单的金属摆件，也可以直接摆放充满质感的玻璃杯作为装饰。

市场估价在50~500元/个

北欧风格注重人文，极简装饰更节俭

北欧风格具有简洁、自然、人性化的特点，总的来说最突出的特点就是极简。这种极简不仅体现在居室的硬装设计上，同样也体现在软装的搭配上，但同时又充分具备了人性化的关怀，以舒适性为设计出发点，因此是非常节省预算的一种风格。

材料选用

天然材料是北欧风格的灵魂，展现出一种朴素、清新的原始之美。此外，常用的装饰材料还有石材、玻璃和铁艺等，可以选择最简单的形式去展现，从而能节省预算。

家具选择

北欧风格的家具简洁流畅，完全没有雕花及纹饰。数量上不要求过多，力求以最简单的方式呈现风格特征。北欧家具还具有符合人体力学的曲线设计，因此实用性也较强。

装饰搭配

北欧风格注重个性化格调，饰品不会很多，但很精致。简洁的几何造型或鲜花、绿植，不仅契合了北欧家居追求自然的理念，也可以通过少量花费就令家居容颜更加清爽。

1. 材料选用

（1）乳胶漆或涂料

北欧风格很少使用图案来进行墙面装饰，所以要依靠色彩丰富的乳胶漆或涂料来表现北欧风格的意境。

市场估价25 ~ 55元/平方米

（2）白色砖墙

白色砖墙具有自然的凹凸质感和颗粒状的漆面，可以表现出自然且纯净的内涵，同时还能够为墙面增加一些层次感。

市场估价150 ~ 180元/平方米

（3）浅色实木地板

实木地板的颜色呈浅色调，如乳白色、浅米色等，木材的纹理较少，但凹凸的质感较为明显。

市场估价150 ~ 420元/平方米

（4）磨砂玻璃

磨砂玻璃的颜色多数呈淡青色，运用在室内空间的推拉门、套装门或墙面造型中，使空间具有轻快、自然的色调。

市场估价90 ~ 110元/平方米

（5）北欧风格墙贴

北欧风格完全不使用纹样和图案装饰，但装饰画却是很常见的装饰手段，而类似装饰画的墙贴与装饰画相比极具趣味性，黑、灰色或低调的彩色款式更具北欧韵味。

市场估价15 ~ 100元 / 组

🏠 2. 家具选择

（1）低矮的布艺沙发

典型北欧风格的沙发高度都比较低矮，扶手及框架部分完全不设计任何雕花装饰，整体造型极其简洁。

市场估价900～5800元/张

（2）几何形极简几类

圆形、圆弧三角形带有低矮竖立边的茶几、角几等，是最具北欧特点的几类款式，长条形的几类也比较常用。

市场估价100～1200元/件

（3）线条简练的床

北欧风格的床以简练的线条、优美的流动弧线为主，抛弃掉多余的装饰造型且设计极符合人体工程学，有舒适的坐卧感。

市场估价3000～3800元/张

（4）无雕花桌、柜

桌、柜的整体感都非常轻盈，同样没有雕花装饰，多采用直来直去的线条。

市场估价220～3100元/件

（5）北欧著名座椅

伊姆斯椅、天鹅椅、蛋椅、幽灵椅和贝克椅等，不仅追求造型美感，同时在曲线设计上还讲求与人体的结合，而这些座椅就是北欧风格的象征。

市场估价220～3100元/件

3. 装饰搭配

（1）无图案灯具

北欧风格的灯具极具设计感，以实木和金属材料为主，吊灯、台灯或落地灯的罩面不使用图案，而是以颜色取胜。

市场估价在120～1500元/盏

（2）白底装饰画

北欧装饰画画框宽度较窄，色彩多为黑色、浅色原木。画面底色以白底最为常见；图案多为大叶片的植物或几何形状的色块、英文字母等。

市场估价在300～500元/套

（3）绿植

北欧风格家居中的自然韵味主要是靠各种绿植来营造的，而很少使用颜色比较丰富的花艺。

市场估价在60～120元/平方米

（4）自然材质的简洁布艺

织物材料上以自然的棉麻为主，除了窗帘、靠枕、地毯等，还常使用壁挂来装饰墙面。色彩多简单素雅，图案以纯色、动物图案和带有几何图形的纹理最常见。

市场估价在120～320元/组

（5）实木或陶瓷材料的小饰品

造型常见的有简洁的几何造型或各种北欧地区的动物，材料以木和陶瓷最具代表性，偶尔也会使用金属和玻璃等材料。

市场估价在60~380元/组

工业风格创意个性，
保留硬装痕迹减少开支

工业风格追求粗犷、怀旧的感觉，它的一个典型特点就是"裸露"建筑的本色，例如不做任何修饰的红砖墙、水泥墙，仅涂刷油漆的管道等，越是斑驳越具有工业的味道。因此在家装设计中常会保留建筑的原始痕迹，如果条件适合，在硬装上可以节省不少资金。

材料选用

工业风格的家居中，会大量使用到金属构件，体现出工业风格的冷调效果；而像红砖、水泥则是极具代表性的装饰材料，不仅能体现工业风格的粗犷个性，还能省钱省工序。

家具选择

工业风格家居中常使用做旧家具，大型的家具可以选择富有设计感的创意造型，而一些小的家具可以通过自行动手的形式进行制作，这样也可以节约不少的资金。

装饰搭配

工业风格的装饰品讲求工业性与特立独行，除了购买全新的抽象工艺品和独具艺术特性的装饰以外，也可以去二手市场购买一些具有斑驳与做旧效果的装饰品。

1. 材料选用

（1）红砖墙

直接以裸露的红色砖块构成墙壁，或者裸露大部分而小部分抹上水泥，十分适合工业风格的粗犷氛围。

市场估价 90~180 元 / 平方米

（2）原始的水泥墙面、顶面

用水泥简单地涂抹墙面和顶面，表面无须处理得特别光滑和平整，比起砖墙的复古感，更有一分沉静与现代感。

市场估价 15~20 元 / 平方米

（3）仿旧木地板

仿水泥质感或带有做旧纹理效果的木地板也很适合工业风格家居，地板上还可以带一些有涂鸦感的字母或图案。

市场估价 60~155 元 / 平方米

（4）水泥纤维板

单独使用水泥或红砖会显得略有些单调，可以通过在一些墙面使用水泥纤维板来调节层次感。

市场估价 55~75 元 / 平方米

（5）实木板条门

工业风格的家居中门的设计是非常具有特点的，多用做旧的实木板条拼接成门，而后采用外露式的吊柜做成推拉形式。

市场估价 800~1500 元 / 组

🏠 2.家具选择

（1）皮革拉扣沙发

工业风格家居中使用的沙发多为皮革材料的款式，主体部分上带有拉扣、扶手有圆弧造型、边角部分偶尔会使用铆钉。

市场估价 2200~4200 元 / 套

（2）黑色铁艺 + 做旧木几类

典型的工业风格几类通常腿部或框架都带有黑色的铁艺，面层是经过做旧处理的实木板。

市场估价 220~1900 元 / 张

（3）金属座椅

工业风格座椅，多用金属与做旧木混搭制成，或涂刷成明度比较高的色彩，既能保留家中温度又不失粗犷感。

市场估价 140~4000 元 / 张

小贴士 改造老旧家具个性又节约

工业风格家具的一个特点就是老旧，特别是茶几、桌柜类家具，多采用做旧的木板搭配铁框架制成，然而此类家具中一些比较有个性的款式价格并不低。如果居住地有不错的二手市场，可以试着购买一些二手实木板的家具和铁框，让装修师傅组装或自行组装，无须做过于复杂的表面装饰，清理干净就非常有个性，同时还能节约一部分资金。

📖 3. 装饰搭配

（1）裸露灯泡的灯具

金属骨架和双关节灯具，以及样式多变的钨丝灯泡和用布料编织的电线，都是工业风格家居中非常重要的元素。

市场估价在 150~1200 元 / 盏

（2）做旧感的织物

织物以棉麻或毛皮为主，色彩则多为无色系中的黑、白、灰单独或组合使用，以及一些做旧感的低彩度色彩，图案特征与版画类似。

市场估价在 120~320 元 / 组

（3）铁皮饰品

铁艺是工业风格极具代表性的一种材料，所以铁皮饰品是非常具有代表性的一类软装饰，不论是做旧处理还是涂刷油漆，都能呈现风格特点。

市场估价在 70~480 元 / 组

（4）复古木版画

以做旧实木为底制作，上面通过粘贴、彩绘等方式制成具有浓郁复古感的木版画，图案具有美式特征，多以各种复古车、建筑等为主。

市场估价在 60~550 元 / 组

（5）微小型绿植

比起花艺来说，工业风格家居的整体氛围与绿植更搭调，尤其是小型和微型的盆栽，可以摆放在桌面或柜面上。

市场估价在 40~360 元 / 组

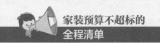
现代美式风格自由包容，简化美式家具更省钱

简约美式风格在延续了美式乡村风格的一些特点的同时加入了一些变化，例如仍较多地使用木质材料，但不再是厚重的实木，更多使用的是复合板搭配白色喷漆的做法。无论是建材还是家具花费的资金都会减少很多。

材料选用

在现代美式风格的家居中，在材料的选择上保留了传统美式风格的天然感，但也在家居设计中运用了新型材料，营造与众不同的家居环境的同时，也能节省资金。

家具选择

相比美式乡村风格厚重、粗犷的木家具，现代美式风格的家具线条更加简化，虽也常见弧形的家具腿部，但少有繁复的雕花，线条更加圆润、流畅，因此在预算上也更节省。

装饰搭配

现代美式风格和美式乡村风格相比，在装饰品的选择上更加精致、小巧，在一定程度上能够降低装饰花费，但也能展现生活的自然舒适性。

1. 材料选用

（1）乳胶漆或涂料

无雕花装饰的简洁石膏线，能够让顶面和墙面的转折处有一个过渡，使层次更丰富。

市场估价 15~55 元 / 米

（2）白色砖墙

乳胶漆墙面有种简洁、干净的感觉，在现代美式风格中被大量使用，通常会搭配壁纸或墙面造型来组合，需要注意的是亚光面的款式更符合风格特征。

市场估价 25~35 元 / 平方米

（3）浅色实木地板

减少了仿古地砖的使用比例，更多的是在地面整体铺设复合木地板，颜色上多以中调色或浅色为主。

市场估价 85~280 元 / 平方米

（4）简约造型壁炉

现代美式风格壁炉在造型上比美式乡村风格的更简约一些，色彩多为浅色，起到的是一种纯粹的装饰和烘托氛围的作用。

市场估价 800~2200 元 / 项

（5）墙裙

墙裙可以使用定制或混油手法制作，色彩多以白色为主，既能表现出美式特征又不会显得过于厚重。

市场估价 350~1200 元 / 平方米

2. 家具选择

（1）舒适的沙发

现代美式风格的沙发追求使用的舒适性，造型简化不再使用雕花。选材上或在框架部分使用实木或完全不使用实木，坐垫及靠背仍以皮料或布艺为主。

市场估价1500~5900元/张

（2）直线造型实木几

常用的几类仍然是实木的款式，其外形更简洁，多以直线为主。

市场估价1100~2800元/张

（3）美式元素金属几

带有美式造型符号的金属框架几类家具，与具有舒适感的皮质或布艺沙发组合，可以增添现代感和时尚感。

市场估价1200~5100元/张

（4）彩色漆实木桌或金属腿桌

除了造型简洁一些的实木桌外，现代美式风格住宅中还经常使用以直线条为主的、彩色油漆的木桌或具有低调奢华感的金属腿桌。

市场估价900~6100元/件

（5）实木框架软包床

现代美式风格床的框架部分是木本色或白色实木材料的，不带雕花设计。床头部分会使用皮质或布艺软包，并减少了拉扣的使用比例。

市场估价2000~3500元/张

3. 装饰搭配

（1）亮面金属玻璃罩灯具

除了延续具有美式乡村风格特征的简约黑色铁艺灯具外，更多使用的是金色亮面金属框架以及玻璃灯罩的灯具，与家具形成碰撞，体现融合性。

市场估价在180～1700元/盏

（2）动感线条织物

与整体风格特征呼应的织物很少再使用纯色的棉麻，更多的是使用现代感的动感图案，例如色块拼接、折线条纹等。

市场估价在160～350元/组

（3）小体积、少色彩的花艺

为了凸显现代美式风格的特征，可以对西方花艺进行一些改良，花束的体积适合小一些，花材的色彩也不宜太多，2~4 种为最佳。

市场估价在30～420元/组

（4）亮面金属摆件

比较现代和低调奢华的带有亮面金属设计款式的摆件，金属与灯具相同，多为金色。

市场估价在120～450元/组

（5）清新色的装饰画

现代美式风格的装饰画配色更清新，或为黑白摄影画，或以低彩度的彩色为主。

市场估价在 68 ～550 元 / 组

地中海风格浪漫原始，蓝白漆墙代替弧线造型

地中海风格空间设计上常见连续的拱门、马蹄形窗等圆润弧线造型，为了能减少预算但又能正常体现风格特色，设计时可以用蓝白色的漆墙来代替弧线造型，从色彩上体现地中海风格的特点，除此之外也可以重点选择一部分空间做弧度的造型。

材料选用

地中海风格在材质上，一般选用自然的原木、石材等，来营造浪漫、自然的气息；也会塑造大面积的白灰泥墙来呈现其独特韵味。选用上可以根据预算高低自行搭配。

家具选择

地中海风格家具多经过擦漆做旧处理，线条以柔和为主，简单且修边浑圆；如果预算有限，可以选择一两件带有强烈造型感的船型家具，直接展现风格特色。

装饰搭配

地中海风格家居装饰以海洋元素造型为主，包括灯塔、船、船矛、船舵、鱼、海星等，选择带有这些特点的小软装，能够迅速实惠地打造出具有浓郁地中海风格的空间。

1. 材料选用

（1）白灰泥墙面

白灰泥墙因其自身所具备的凹凸不平的质感，令居室呈现出地中海风格建筑所独有的韵味。

市场估价 150~180 元／平方米

（2）蓝、白为主的马赛克

通常是以蓝色和白色为主的，两色相拼或加入其他色彩相拼。使用时除了厨卫空间外，也可以用在客厅、餐厅等空间的背景墙和地面上。

市场估价 300~420 元／平方米

（3）圆润拱形造型

圆润的拱形不仅用在垭口部位，还会用在墙面、门窗等顶部位置，有时甚至会使用连续的拱形。

市场估价 200~3200 元／项

（4）纹理涂料

典型的地中海风格壁纸会带有一些海洋元素图案，图案尺寸不会特别大，有时会与条纹组合使用，色彩都比较淡雅、清新。

市场估价 65 ～ 320 元／卷

（5）墙裙

仿古砖在地面上除了平行铺设还可做斜向铺设；除了用在地面上外，也经常用在餐厅、卫浴等空间的背景墙部分，搭配一些花砖做组合，表现风格淳朴、自然的一面。

市场估价 65~380 元／平方米

🏠 2. 家具选择

（1）蓝白条纹布艺沙发

布艺沙发是地中海风格中很具有代表性的家具，最典型的是蓝白条纹的棉麻材料款式，有时还会搭配一些格纹或碎花图案，表现地中海风格中的田园气息。

市场估价800～4100元/张

（2）圆润造型木制家具

与硬装部分的拱形组合起来非常协调的是线条简单、造型圆润的木质家具，沙发会将木质用在框架部分，桌椅等通常会完全使用实木材质。

市场估价1200～4800元/件

（3）做旧本色木家具

线条简单的、带有做旧感的实木本色家具也是地中海风格中比较有代表性的一类，能够表现出风格中亲切、淳朴的一面。

市场估价800～5200元/件

（4）船形家具

船形家具是地中海风格家居中独有的，具有浓郁的海洋气息，常出现的有船形储物柜、船形儿童床等，多为实木材料。

市场估价180～5200元/件

（5）彩绘实木家具

在实木家具的表面用手绘的方式增加一些田园元素的图案，来表现地中海风格中的田园气息和惬意感。

市场估价 1100~3800 元 / 件

🏷️ 3. 装饰搭配

（1）吊扇灯

地中海吊扇灯是灯和吊扇的完美结合，既具灯的装饰性，又具风扇的实用性，可以将古典美和现代美完美体现。

市场估价 1200~1500 元 / 盏

（2）海洋元素造型饰品

海洋元素造型的饰品是地中海风格独有的代表性装饰，能够塑造出浓郁的海洋风情，常用的有帆船模型、救生圈、水手结、贝壳工艺品、木雕刷漆的海鸟和鱼类等。

市场估价 50~280 元 / 组

（3）爬藤类绿植

比较具有代表性的能够表现出地中海风格特点的是爬藤类的绿植，还可以用垂吊类绿植来代替。

市场估价 35~180 元 / 盆

小贴士 回归海洋、自由大胆的搭配，可简单地再现地中海神韵

地中海风格的基础是明亮、色彩丰富、有明显特色，重现地中海风格不需要太大的技巧，只需秉持简单的意念，捕捉光线、取材大自然，大胆而自由地运用色彩、样式就可以完成。墙面选择一到两种典型材料搭配拱形就可以塑造出基调，而后再选择一套典型家具搭配一些绿植来强化风格特点即可，总体花费无须过多，只要典型即可。

中式风格神韵传统，
古典装饰替代复杂工艺

中式传统风格比较讲求对古典元素的完美重现，装饰效果气势比较恢弘、壮丽华贵。但想追求中式传统风格的家居，可以将预算重点放在软装饰部分，利用古典元素布艺或精致的传统造型饰品代替复杂、华贵的硬装造型和雕花复杂的家具。

材料选用

在材料的选择上应以质朴、厚重来吻合家居主体风格，其中，木材是中式古典风格中的主要建材。另外，青砖、中式花纹壁纸等相较木材价格略低，也是塑造风格的好帮手。

家具选择

家具的选择多以圆形和方形的形态出现，体现出天圆地方的东方文化审美。也可以选择相同的家具，通过对称的摆放方式，在视觉上实现中式传统风格的特色。

装饰搭配

中式传统风格的细节装饰可以以宫灯、书法装饰、文房四宝、木雕花壁挂、茶案为主。除了常见的古典装饰，选择物美价廉的手工装饰，同样也能展现古典情趣。

1. 材料选用

（1）实木

若预算比较宽裕，可以用实木板、实木线条来装饰居室，喜欢珍稀类的实木可以将其放在重点部位，其他部分拼接普通一些的板材。

市场估价 350~3000 元 / 平方米

（2）青砖

青砖可以与壁纸、实木等其他材料组合用在背景墙上，也可以用在地面上，无须做饰面处理，表面的孔洞即可防滑。

市场估价 25~50 元 / 平方米

（3）镂空造型

镂空类造型如窗棂、花格等是中式传统风格的灵魂，即使数量较少也能为居室增添古典韵味。

市场估价 450~750 元 / 平方米

（4）传统图案壁纸

适当地使用一些带有神兽、祥纹等传统图案的壁纸，不仅会让人感觉更舒适，也能够丰富层次，减轻木质材料的厚重感。

市场估价 200 ～ 350 元 / 卷

（5）青石板岩砖

青石板岩砖有着与青砖类似的效果，分为天然板岩砖和人造板岩砖两种，前者效果更自然，后者价格较低且更好打理，可根据需求选择。

市场估价 28~65 元 / 平方米

2. 家具选择

（1）圈椅、官帽椅、太师椅等

中式传统居室中圈椅、官帽椅和太师椅都是非常具有代表性的家具，可以使用一张主沙发摆放在中间，两侧对称搭配这些类型的椅子，既有变化又能够烘托传统气氛。

市场估价1900～3200元/张

（2）博古架

博古架也是中国传统代表家具之一，它既可以展示物品、存储物品，也可以作为隔断使用。

市场估价1000～2800元/组

（3）几案

几案类家具除了具有实用价值外，更多的是起到装饰作用。如果预算有限，也可以充当玄关柜使用，摆放钥匙等杂物。

市场估价900～2300元/张

（4）榻、罗汉床

榻和罗汉床都属于可坐可卧类的传统中式家具，它们的作用介于座椅和床之间，可用于短时间的睡眠，适合摆放在书房或卧室中。

市场估价3000～28000元/张

（5）屏风

中式屏风起到分隔、美化、挡风、协调等作用，材质以完全实木雕花或实木与刺绣组合为主。

市场估价3500~16000元／组

3. 装饰搭配

（1）国画

国画是最具中式代表性的一种画作，用卷轴或实木框的画框装裱后悬挂于墙面上，能够为居室增添浓郁的文化气息。

市场估价 300 元 / 组，上不封顶

（2）瓷器、瓷盘

中国是瓷器的发源地，瓷器在古代闻名于世，它是摆件中最具传统中式代表性的一种，除了青花瓷瓶、盘外，一些彩色瓷器也可以使用。

市场估价 100 元 / 组，上不封顶

（3）书法作品

与国画相同的是，书法同样是中华民族的瑰宝，同样可以用卷轴或实木画框来装裱，悬挂在墙面上能够彰显居住者的品位和素养。

市场估价 300 元 / 组，上不封顶

（4）文房四宝

中国汉族传统文化中的文书工具，即笔、墨、纸、砚。它既具有实用功能，又能令居室充分彰显出中式古典风情，很适合摆放在博古架或书房中。

市场估价 70 ~ 350 元 / 组

小贴士 选择仿制品中的高质量产品可以节约资金

在传统中式风格的家具和饰品中，可以看到很多物品的预算估价上不封顶，是因为一些流传下来的家具或名家字画是无法估算价格的，有的可能高达上亿元。如果想要节约资金，建议选择现代生产的仿制品中质量较好、做工精细的产品，既符合风格特征又能够彰显品位。

新中式风格推陈出新，减少古韵软装增加现代材质

新中式风格在设计上继承唐、明、清时期家具理念的精华，在经典古典元素的基础上加入了现代设计元素，摆脱原来复杂繁琐的设计在功能上的缺陷，力求中式的简洁质朴。因此在整体预算上，相比较中式传统风格要更节约。

材料选用

新中式风格的主材往往取材于自然，但也不必拘泥，只要能够在适当的地方用适当的材料，即使是玻璃、金属、中式花纹布艺等，一样可以展现新中式风格的韵味。

家具选择

新中式的家居风格中，庄重繁复的明清家具的使用率减少，取而代之的是线条简单、成本降低的新中式家具，并且融入现代元素，使得家具线条更加圆润流畅。

装饰搭配

选择几个最具中式古韵的装饰对居室显眼的地方进行装饰，成为家居中的点睛装饰，不仅能创造富有中式文化意韵的环境，还能以最少的预算达到最理想的状态。

1. 材料选用

（1）新中式风格壁纸

新中式风格的壁纸具有清淡优雅之风，多带有花鸟、梅兰、竹菊、山水、祥云、回纹、书法文字或古代侍女等中式图案，一般比较简单，不具繁琐之感。

市场估价 140~280 元 / 卷

（2）天然石材

在新中式住宅中适量地使用一些石材可以提升整体的现代感，使用时可以用来装饰地面，也可以搭配木料做造型，用在背景墙上。

市场估价 350~720 元 / 平方米

（3）仿制纹理地砖

地面使用一些仿大理石纹理、仿实木地板纹理或仿青石板的地砖，既能够增添一些古雅的韵味，又符合现代人的生活需求。

市场估价 80~320 元 / 平方米

（4）浅色乳胶漆或涂料

使用一些浅色乳胶漆或涂料来涂刷墙面，例如白色、淡黄色、米色等，能够体现出新中式风格中留白的意境。

市场估价 35~55 元 / 平方米

（5）仿青砖 3D 壁纸

青砖需要砌筑，如果无法实现则可以使用仿青砖的 3D 壁纸来代替，物美价廉，也能呈现别样的意境。

市场估价 25~55 元 / 平方米

2. 家具选择

（1）简化中式造型的几案

几案的造型比较简洁，虽然会带有一些束腰类的造型，但基本不使用小且密集的雕花造型，而是大刀阔斧地使用直线条或用整体式的卷纹、回纹等装饰在腿部或脚部。

市场估价180～1800元/件

（2）线条简练的新中式沙发组合

线条简单的新中式沙发组合，体现了新中式风格既遵循传统美感，又加入了现代生活简洁的理念。

市场估价5800～12000元/套

（3）现代工艺博古架

博古架的设计突破了传统的全实木结构，在其中加入黑镜、银镜及不锈钢收边条等元素，更具现代时尚感。

市场估价1300～3500元/件

（4）榻、罗汉床

新中式风格太师椅抛弃了中式古典的繁杂装饰造型，并且在设计上更符合人体工程学，具有优美弧线的外形。

市场估价800～2000元/件

（5）中式造型金属椅

新中式风格的座椅还加入了金属材料，例如金属圈椅、金属和实木混合的官帽椅等，是古典和现代的完美融合。

市场估价150~800元/张

3. 装饰搭配

（1）水墨抽象画

一些带有创意性的水墨抽象画也可以表现新中式风格的传统意境，黑白或彩色均可。

市场估价 260 ~ 780 元 / 组

（2）中式韵味陶瓷摆件

如果家具等大件装饰的中式元素不够显著，加入一些具有典型中式韵味的陶瓷摆件，就可以让新中式的特征更凸显出来。

市场估价 78 ~ 460 元 / 组

（3）金属框架中式符号吊灯

新中式风格的吊灯仍然带有传统的文化符号，但不像中式灯具那样具象，雕花等复杂的元素大大减少，整体更简洁、时尚。

市场估价 600 ~ 2200 元 / 盏

（4）传统元素织物

新中式风格的织物以棉麻和丝绸为主，图案较简洁，通过刺绣或印制呈现，较多地使用简化的回纹以及山水花鸟等图案。

市场估价 180 ~ 360 元 / 组

（5）东方风格花艺

东方风格追求朴实秀雅，着重表现自然姿态美，能够为新中式住宅增添灵动的美感。

市场估价 30 ~ 200 元 / 组

东南亚风格风情异域，绚丽装饰替代雕刻家具

东南亚风格取材天然，讲求自然、环保的设计理念。在东南亚风格家居中，常出现带有精美雕刻花纹的木制家具，可以令居室充满异域风情，但对于预算有限的业主，可以利用颜色艳丽的泰丝靠枕或帐幔等装饰替代雕刻家具，也能达到一样的异域风情效果。

材料选用

东南亚风格家居崇尚自然，木材、藤、竹、椰壳板等材质是装修的首选，不论是硬装还是软装都能用到以上材料。可以在家中选择局部区域进行重点装饰，从而节省预算。

家具选择

东南亚风格的家具具有热带雨林的自然之美和浓郁的民族特色，制作上注重手工工艺带来的独特感。如果预算有限，可以选择一到两件风格家具，也能表现风格特色。

装饰搭配

东南亚风格的工艺品富有禅意，也体现出强烈的民族性，主要表现在大象饰品、佛像饰品的运用，可以选择材质较轻的摆件放在不同地方，从细节渲染异域风情。

1. 材料选用

（1）粗糙感的石材

在东南亚风格家居中多使用一些未经抛光的保留了表面粗糙感的石材，用雕刻或马赛克的形式来呈现。

市场估价 50~260 元 / 平方米

（2）颗粒感的硅藻泥

硅藻泥本身的凹凸纹理所带来的古朴质感与东南亚风格恰好相符，如果选择米色还可以为空间增添温馨的感觉，柔化深色实木造型带来的压抑感。

市场估价 170~550 元 / 平方米

（3）深色木质材料

深色的木质材料包括实木和饰面板，通常用在顶面、墙面、隔断和门上，最具特点的是顶部的运用，利用较高的层高，在吊顶中按一定规律排列木质材料，搭配白色乳胶漆、棉麻质感的布艺或编织壁纸，使吊顶看起来极具东南亚地域的自然气息。

市场估价 65~320 元 / 平方米

（4）丛林元素壁纸

丛林元素的壁纸是最具代表性的，包括一些阔叶类棕榈植物、芭蕉叶、大象、孔雀等动植物，或整幅的丛林画面的图案。

市场估价 30~230 元 / 卷

🖌 2. 家具选择

（1）泰式木雕沙发

雕花通常是存在于沙发腿部立板和靠背板处，整体具有一种低调奢华的视觉效果，典雅古朴，极具异域风情。

市场估价 2000~8200 元 / 件

（2）藤编家具

藤编家具通常是采用两种以上材料混合编织而成的，如藤条与木片、藤条与竹条等的组合，材料之间的宽、窄、深、浅，形成有趣的对比，独具东南亚特色。

市场估价 500~3200 元 / 件

（3）彩绘桌、柜

在一些有雕花装饰的实木桌、柜上，同时搭配做旧镀金、彩绘等工艺，表现出一种兼容了淳朴和绚丽的美感。

市场估价 600~4200 元 / 件

小贴士 硬装减少木料的使用，用家具塑造风格来节约资金

如果想要在塑造东南亚风格家居的时候节约资金，那么可以从硬装方面来节约，减少木质材料特别是实木材料的使用。例如不要满铺木料，而是做成木格子的形状，中间搭配壁纸、硅藻泥等材料来奠定基调。而后用一些典型的家具来进一步烘托风格的特征，例如木雕家具、椰壳画等。

3. 装饰搭配

（1）自然色调棉麻窗帘

窗帘一般以自然色调为主，造型多反映民族的信仰。棉麻等自然材质为主的窗帘款式往往显得粗犷自然，还具有舒适的手感和良好的透气性。

市场估价 66 ~ 380 元 / 米

（2）泰丝抱枕

泰丝质地轻柔，色彩绚丽，富有特别的光泽，极具特色，是色彩厚重的天然材料家具的最佳搭档。

市场估价 80 ~ 680 元 / 组

（3）纱幔

纱幔轻柔、妩媚且飘逸，最常用在四柱床上，除此之外，可以铺设在茶几、床铺上，甚至还可以作为软隔断使用，为居室增添情调。

市场估价 150 ~ 500 元 / 组

（4）宗教、神话题材饰品

东南亚的国家信奉神佛，所以饰品形状和图案多与宗教、神话相关。除此之外，还会使用一些造型奇特的神、佛等金属类饰品。

市场估价 85 ~ 480 元 / 组

（5）木雕饰品

大象木雕、雕像和木雕餐具都是很受欢迎的室内装饰品，摆放在空间内可增添东南亚风格的文化内涵。

市场估价 330 ~ 550 元 / 组

日式风格纯朴素雅，板式家具代替原木家具

日式风格将自然界的材质大量地运用于装修装饰中，不推崇豪华奢侈，以淡雅节制、深邃禅意为境界，重视实际功能。日式风格注重自然的质感，以便与大自然亲切交流，因此可以利用充满生气的自然绿植代替硬装装饰，利用保留原始纹路的板式家具代替原木家具，从而减少预算的支出。

材料选用

日式风格秉承日本传统美学中对原始形态的推崇，原封不动地表露出木材质地、金属板格或饰面，着意显示素材的本来面目。这样不仅能保留原始的自然感，还能减少装修费用。

家具选择

日式家具以其清新自然、简洁淡雅的品位，形成了独特的家具风格。空间可以减少多余家具的摆放，只保留最简单形态的家具，从而营造出悠然自得的生活氛围。

装饰搭配

日式风格不尚装饰，通常使用少量的装饰品，如浮世绘画、日式花艺等充满日式格调的简单装饰，就可以用最低的预算体现出日式风格简朴高雅的气韵。

1. 材料选用

（1）草席

日式风格注重与大自然相融合，所用的装修建材也多为自然界的原材料，其中草席就是经常被用到的材质，在地面、顶面装饰中均可用到。

市场估价 170~340 元 / 组

（2）木材、板材

板材和木材是最常见的天然材质，在日式风格的居室中，用在顶面、墙面饰面中均较为适宜，能够体现出日式风格的禅韵特征。

市场估价 20~150 元 / 平方米

（3）藤

日式风格中常可以见到藤材料来装饰空间，藤质地坚硬，经久耐用，外观朴素低调，装饰空间时可以带来自然感。

市场估价 18 ~ 80 元 / 公斤

（4）白灰粉墙

日式风格墙面大多没有过多的装饰，一般常以白灰粉饰，显得自然清爽，但又不会过于简陋。

市场估价 2 ~ 6 元 / 平方米

（5）木纹饰面板

木纹饰面板质地坚实，但有良好的质感。在使用面板时，不宜做过多的造型，应以简洁雅自然的方式展现木材纹理，更能突出居室的素雅韵味。

市场估价 70 ~ 580 元 / 张

🏠 2. 家具选择

（1）榻榻米

日式榻榻米看似简单，实则包含的功用很多，既有一般凉席的功能，其下的收藏储物功能也是一大特色。

市场估价100～500元/平方米

（2）日式升降桌

升降桌在用时可以作为桌子使用，不用时可以下降到地面，丝毫不占用空间，此外这种桌子还具有收纳的功能，非常实用。

市场估价160～780元/件

（3）传统日式茶桌

传统的日式茶桌以其清新自然、简洁淡雅的特点，形成了独特的家居风格，为生活在都市的人群营造出闲适写意、悠然自得的生活境界。

市场估价85～550元/件

（4）押入、天袋（吊柜）、地袋（矮柜）

押入即为壁橱、壁柜，在日式风格的家居中是用于放置被褥等物品的场所，一般为较高的柜子。而天袋即为吊柜，地袋则为矮柜，都是用于收纳日常生活用品的常用家具。

市场估价880～2200元/平方米

（5）蒲团

蒲团是指以蒲草编织而成的圆形扁平坐具，又称圆座，起初用于僧人坐禅及跪拜。在日式风格的家居中，蒲团作为一种装饰元素，呈现出浓浓的禅意。

市场估价10～145元/件

3. 装饰搭配

（1）和服娃娃装饰物

和服是日本的民族服饰，其种类繁多，无论花色、质地和式样，千余年来变化万千。而穿着和服的娃娃具有很强的装饰效果，在日式风格的家居中会经常用到。

市场估价 25 ～ 58 元 / 件

（2）浮世绘装饰画

浮世绘源自大和绘，是日本德川时代兴起的一种表现民间日常生活和情趣的版画。浮世绘初有美人绘和役者绘，后来逐渐有相扑、风景、花鸟、历史等题材。

市场估价 36 ～ 150 元 / 件

（3）樟子门窗

樟子纸格子门木框采用的是无结疤樟子松，经过烘干而成，所以生产出来的成品不易变形、开裂，且外表光滑细腻。而木格子中间以半透明的樟子纸取代玻璃，所以薄而轻。樟子纸也可用于窗户，特点是韧性十足，不易撕破，且具有防水、防潮功能。

市场估价 300~450 元 / 平方米

（4）福斯玛门

福斯玛门又叫彩绘门，基材为纸和布。此外，福斯玛在日本也称浮世绘，是一种用来制作推拉门的辅料。它一面是纸，一面是真丝棉布，在布面上有手工绘制的图案。

市场估价 130~480 元 / 平方米

法式乡村风格浪漫优雅，柔美软装点缀纤细家具

法式乡村风格比较注重营造空间的流畅感和系列化，很注重色彩和元素的搭配。法式乡村风格从软装上塑造浪漫、柔和的氛围，利用自然饰品、条纹布艺或花边来体现精致、纤细的女性化美感。

材料选用

法式乡村风格在材料的选择上多为自然材质，而像花砖、花纹壁纸这些能体现女性特征的材料，也会经常用到。如果预算有限，可以使用铁艺材料代替实木材料。

家具选择

法式乡村家具的造型一般来讲比较纤巧，而且家具设计非常讲究曲线和弧度。局部精致设计的家具相比较大面积雕花家具，可以节省不少预算开支，也能尽显风格特征。

装饰搭配

法式乡村风格家居中的饰品一定要体现出浓郁的乡村风情，以及唯美的女性化特征。粗糙的陶罐、手绘图案的钵碗、新鲜的香草植株等装饰物同样能够营造法式风情。

1. 材料选用

（1）多色釉面砖

如果想要营造浪漫、柔美的空间氛围，颜色多样的墙砖或地砖通过不同的拼接方式，可以呈现丰富的装饰效果，烘托法式乡村风格的鲜丽明快。

市场估价 65~380 元 / 平方米

（2）花卉壁纸

法式田园风格中，喜欢运用花卉图案的壁纸来诠释出法式田园风格的特征，同时营造出一种浓郁的女性气息。

市场估价 190 ~ 320 元 / 卷

（3）玻璃马赛克

玻璃马赛克质感亮丽，色彩丰富，选择与整体空间色彩呼应的玻璃马赛克，点缀在台侧或局部墙面作为装饰，可以增加空间的层次，带来轻松愉悦之感。

市场估价 30~400 元 / 平方米

（4）半抛釉单色仿古砖

法式乡村风格的地面常用到亚光的仿古砖，采用单色砖大面积铺装，利用横拼或竖拼的方式，为空间增加复古而又怀旧的氛围。

市场估价 110~260 元 / 平方米

（5）硅藻泥

硅藻泥在空间的使用上，更多的是以装饰效果为主，涂刷于局部墙面用于搭配不同造型，可令墙面更具层次感。

市场估价 220~540 元 / 平方米

2. 家具选择

（1）象牙白四柱床

象牙白可以给人带来纯净、典雅、高贵的感觉，结合灯光设计，更显柔和、温情，也有着乡村风光的清新自然之感，因此很受法式乡村风格的喜爱。

市场估价1580～2650元/张

（2）铁艺细脚茶几

铁艺家具材质高冷、形态各异，在法式乡村风格中常常以优美、简洁的造型出现，从细节上可以令整个家居环境更有艺术性和精致感。

市场估价128～455元/件

（3）简单雕花仿旧桌、椅

造型简单大方的实木座椅，在细节部分加入简单的雕花或手绘纹饰，表面利用油漆擦刷出怀旧、复古的韵味，增加了精致感。

市场估价420～2600元/张

（4）线条简洁的欧式沙发

不同于传统欧式沙发的富丽大气，法式乡村风格的沙发保留了欧式沙发的结构、轮廓，但造型比较简单，材质上也更偏向于布艺材料。

市场估价3200～6500元/张

（5）藤编高背实木座椅

法式乡村风格多爱用以木、藤等原始材料制成的家具，而带有藤编靠背的实木座椅，再涂刷上白色油漆，可以体现出法式乡村风格的清新淡雅。

市场估价260～420元/张

3. 装饰搭配

（1）薰衣草装饰花

薰衣草是法式乡村风格最好的配饰，因为它可以最直接地传达出法式乡村的自然气息，干花和鲜花均十分适用。

市场估价20～50元/束

（2）田园风灯具

法式乡村台灯的材质既可以是布艺，也可以是琉璃、玻璃，它们都可以很好地体现出法式风格的唯美气息。

市场估价80～500元/盏

（3）带流苏的窗帘

流苏为一种下垂的以五彩羽毛或丝线等制成的穗子，极具女性妩媚的特征，因此经常被用到法式乡村风格的窗帘设计之中。

市场估价30～100元/个（单个计价）

（4）法式花器

法式花器往往色彩高贵典雅，图案柔美浪漫，器形古朴大气，可以令室内呈现出优雅、生动的美感。摆放时既可单独随意摆放，也可插上高枝的仿真花。

市场估价30～500元/个

（5）藤制收纳篮

藤制收纳篮所具有的自然气息，能够很好地展现法式田园风格。同时其实用功能也十分适用于餐厅。

市场估价50～540元/组

韩式田园风格清新自然，小巧装饰弥补简洁墙面造型

韩式田园风格以表现贴近自然、展现朴实生活的气息为主，它并没有一个具体、明确的说法，更没有一个固定、准确的概念。在装修设计中的一个显著特点是自然元素的使用，所以预算重点放在自然元素的装饰上，既可以体现出风格特点又可以节约资金。

材料选用

韩式田园风格家居的材料选择多以天然材质为主，原木、藤麻等，但呈现的形式比较简单直接，没有过于复杂的工艺就能呈现最自然的田园风情。

家具选择

韩式田园风格的家具继承了欧式家具的设计传统，但却不像欧式家具一样硕大、笨重，在价格上相比较传统欧式家具也便宜不少，十分适合预算有限的家庭。

装饰搭配

韩式田园风格的装饰品也具有浓厚的自然气息。其市场价格较平均，有小巧便宜的饰品，也有精致昂贵的大件装饰，选择多样。

1. 材料选用

（1）砖墙

田园风格与砖墙搭配是非常协调的，具有质朴的感觉，常用的有红砖和涂刷白色涂料的白砖。

市场估价 90~180 元 / 平方米

（2）仿古砖

仿古砖是田园风格地面材料的首选，粗糙的感觉让人能够感受到朴实无华的气息，塑造出一种淡淡的清新之感。

市场估价 65~380 元 / 平方米

（3）碎花、格纹壁纸和壁布

碎花、格纹壁纸和壁布是田园家居中最为常用的壁面材料。花朵图案为主的款式，花朵尺寸较大时，可以选择带有凹凸感的材质，以表现花朵的立体感。

市场估价 190 ~ 320 元 / 卷

（4）纹理涂料

纹理涂料具有未经加工的粗犷感，同时非常环保，能够表现出田园风格自然、淳朴的一面。

市场估价 20~4300 元 / 平方米

（5）墙裙

田园风格中的实木墙裙以白色木质为主，还可以在墙裙上沿的位置使用腰线，上部分刷乳胶漆或涂料，下部分粘贴壁纸来做造型。

市场估价 150~1200 元 / 平方米

2. 家具选择

（1）碎花、格纹布艺沙发

田园风格的沙发以布艺款式为主，可以选用小碎花、小方格、条纹一类的图案，色彩上粉嫩、清新，以表现大自然的舒适和宁静。

市场估价 1000~3200 元 / 张

（2）象牙白实木框架家具

象牙白、奶白色的家具常出现在英式田园和韩式田园风格中，优雅的造型和细致的线条，显得含蓄温婉。

市场估价 1800~5600 元 / 套

（3）藤、竹家具

藤、竹等材料属于自然类材料，用其制作的几、椅、储物柜等都非常简朴，具有浓郁的田园风情。

市场估价 230~560 元 / 件

（4）洗白处理家具

洗白处理使家具流露出古典家具的质感，腿部使用卷曲弧线及精美的纹饰，是优雅生活的体现。

市场估价 8600~21000 元 / 套

（5）实木高背、四柱床

在田园风格中床以实木材质为主，造型上高背床和四柱床为代表，床柱很少使用直线，都会搭配一些圆球、圆柱等造型。

市场估价 1100~3500 元 / 张

3. 装饰搭配

（1）田园元素灯具

田园风格的灯具主体部分多使用铁艺、铜和树脂等，造型上会大量使用田园元素，灯罩多采用碎花、条纹等布艺灯罩，多伴随着吊穗、蝴蝶结等装饰。

市场估价 560 ～ 2300 元 / 盏

（2）自然题材装饰画

田园风格的装饰画题材以自然风景、植物花草、动物等自然元素为主。画面色彩多平和、舒适。

市场估价 99 ～ 520 元 / 组

（3）花草或动物元素摆件

田园风格工艺品具有浓郁的田园特点，造型或图案为花草、动物等自然元素。材质非常多样化，除了实木外，树脂、藤、铁艺、草编等均适合。

市场估价 78 ～ 320 元 / 组

（4）自然色及图案织物

田园风格织物由自然配色和图案构成主体款式，材质以棉麻为主，偶尔会使用白色蕾丝，造型以简约为主。

市场估价 210 ～ 860 元 / 组

（5）绿植

绿植能够强化家居中的田园气氛，是不可缺少的装饰，尺寸没有限制，不论多大都可以。

市场估价 35 ～ 430 元 / 组

英式田园风格简朴高雅，降低实木材质使用才省钱

英式田园风格属于自然风格的一支，主要是人们看腻了奢华风，转而向往清新的乡野风格。在室内环境中力求表现悠闲、舒畅、自然的田园生活情趣，巧于设置室内绿化代替大面积实木家具，降低预算开支的同时也创造了自然、简朴、高雅的氛围。

材料选用

英式田园风格在材料的选用上，可利用木纹饰面板、实木线条装饰墙面。另外，如果预算有限，可以使用墙裙装饰代替布艺墙纸，也能突出英式田园风格特点。

家具选择

英式田园家具可以选择实木做框架，配以细致的线条和油漆处理，加上图案、色彩自然的布艺软装，在保留田园气息的同时，也能够很大程度上减少预算开支。

装饰搭配

英式田园风格中，随处可见花卉绿植、各种花色的优雅布艺，以及带有英伦风情的装饰物，摒弃昂贵、精致的装饰摆件，利用原始自然的装饰进行点缀，从而降低开支。

📋 1. 材料选用

（1）印花布艺壁纸

布艺墙纸是英式田园风格家居中的常用材料，英式田园风格不讲求留白，喜欢在墙面铺贴各种墙纸布艺，以求令空间显得更为丰满。

市场估价 200～1000 元 / 平方米

（2）绿漆实木墙裙

大量的墙裙设计是英式田园风格典型的材料设计手法。为了体现空间的自然生态气息，会将墙裙的实木材料，涂刷上绿色的油漆，以丰富空间的自然色彩。

市场估价 80~780 元 / 平方米

（3）实木梁柱

在田园风格的吊顶设计中，为了突出空间的自然生态气息，会将实木梁柱设计在吊顶中。实木梁柱会涂刷清漆，保留实木的原有色调。

市场估价 50~110 元 / 立方米

（4）饰面风化板

风化板表面呈现出风化般的斑驳以及凹凸的纹理，作为空间墙面的饰面装饰十分有个性，能给空间创造原始自然感。

市场估价 85~530 元 / 张

（5）木材

英式田园的家居风格在木材的选择上多用胡桃木、橡木、樱桃木、榉木、桃花心木、楸木等木种。使用时可粉刷成奶白色做点缀，令整体空间更优雅、细腻。

市场估价 100~600 元 / 平方米

🏷 2. 家具选择

（1）手工沙发

手工沙发在英式田园家居中占据着不可或缺的地位，大多是布面的，色彩秀丽、线条优美；以柔美为主流风格，但是很简洁。

市场估价 1500~3800 元 / 张

（2）条纹格子布艺家具

除了典型碎花造型的家具，便是条纹格子的布艺家具了。在英式田园风格空间中，这类家具通常设计在单人座椅上，起到点缀的作用。

市场估价 650~2600 元 / 件

（3）胡桃木茶几

胡桃木的弦切面为美丽的大抛物线花纹，表面光泽饱满，品质较高，符合中产阶级的审美要求，在英式田园家居中较常用到。

市场估价 600~1450 元 / 张

小贴士 利用壁纸变化营造空间氛围

在布置英式田园风格的家居时，建议不同的空间用不同的墙纸作为主题，为每个空间带来不一样的个性化主题。例如，客厅铺上经典的碎花图案壁纸，儿童房则用可爱的粉色调格子图案壁纸，可以用最节约的方式营造空间氛围。

🏠 3. 装饰搭配

（1）英伦风装饰品

英伦风的装饰品可以有很多的选择，可以将这些独具英式风情的装饰品装点于家居环境中，为家中带来强烈的异国情调。

市场估价 30 ~ 120 元 / 个

（2）盘状挂饰

挂盘形状以圆形为主，可以利用色彩多样、大小不一的形态，在墙面进行排列，使之成为空间的靓丽装饰。

市场估价 120 ~ 280 元 / 组

（3）木质相框

木质相框常见的材料有杉木、松木、柞木、橡木等，能够体现出强烈的自然风情，非常适用于英式田园风格的家居。

市场估价 10 ~ 200 元 / 组

（4）复古花器

在英式田园风格的家居中，花草装饰必不可少，因此需要有相应的花器来搭配，其中以带有复古气息的花器最为适合。

市场估价 60 ~ 150 元 / 个

（5）墙裙

墙裙又称护壁，是在四周墙上距地一定高度（例如 1.5 米）范围之内用装饰面板、装饰壁纸等材料包住，常用于卧室和客厅。

市场估价 100 ~ 400 元 / 平方米

简欧风格重视细节，
去除繁琐设计保留精致装饰

简欧风格就是用现代简约的手法通过现代的材料及工艺重新演绎欧式风格的浪漫、华丽，汲取了古典欧式的造型精华部分，同时又摒弃了过于复杂的肌理和装饰，从而用更低的预算展现欧式风格的魅力。

材料选用

简欧风格融入了现代材质，如玻璃、不锈钢等，与传统材质融合，形成轻奢感。同时新型材料的加入，也在一定程度上降低了传统材质带来的高预算，从而节省了资金。

家具选择

简欧风格的家具一般会选择简洁化的造型，减少了复杂修饰，用较低的预算不仅保留了欧式古典的韵味，同时也增添了现代情怀，充分将时尚与典雅融入家居生活空间。

装饰搭配

简欧风格家居中的软装不再追求表面的奢华，而是更多从实用性出发，即使是中小户型的家居，也可以根据预算的高低来选择不同形式的装饰品来摆放。

1. 材料选用

（1）雕花石膏造型吊顶

如果房间高度比较低，可以用集成式的石膏雕花直接粘贴在顶面上，通常是围绕着吊灯来布置的，以凸显细节上的精致感。

市场估价 56 ~ 238 元 / 组

（2）线条造型

为了在细节上表现欧式造型特征，通常是把石膏线或木线用在重点墙面上，做具有欧式特点的造型。

市场估价 15 ~ 35 元 / 米

（3）壁纸

除了大马士革纹、佩兹利纹等古典欧式风格纹理的壁纸外，简欧风格居室内还可以使用条纹和碎花图案的壁纸。

市场估价 180 ~ 420 元 / 卷

（4）简化的壁炉

壁炉是欧式设计的精华所在，与古典欧式风格的壁炉区别是，简欧风格壁炉造型更简洁一些，整体具有欧式特点但不再使用繁复的雕花。

市场估价 800~3200 元 / 个

（5）复合地板

舒适感的营造是简欧风格区别于古典欧式风格的一个显著特征，所以在非公共区域内，使用一些木质地板能够增添温馨的感觉。

市场估价 85~280 元 / 平方米

2. 家具选择

（1）少雕花简约曲线座椅

简欧风格的座椅在外形上以曲线为主，偶尔会在背部或腿部使用非常少的雕花，材质不再局限于实木，金属、布艺等也较多地被使用。

市场估价 260 ~ 380 元 / 把

（2）曲线腿造型桌、柜

简欧风格的桌、柜除了会使用实木材料外，还加入了金属、混油等材料，整体造型和装饰不再华丽，而是从细节上来凸显欧式的感觉。

市场估价 650~2600 元 / 件

（3）少雕花兽腿几类

几类有两大类，一类仍会带有一些雕花和描金设计，但并不复杂，材质以实木搭配石材为主；另一类是比较简洁的款式，除了实木还会加入金属或玻璃材料。

市场估价 800 ~ 1900 元 / 张

（4）线条具有西式特征的沙发

简欧风格的沙发体积被缩小，同时雕花、鎏金等华丽的设计大量减少。整体造型更大气，仍然使用弧度，但更多地融入了直线。

市场估价 3100 ~ 8800 元 / 张

（5）简洁曲线软包床

靠背或立板的下沿使用简洁的大幅度曲线，床头板部分多使用舒适的皮质软包，床腿部比较矮，以彰显风格特点。

市场估价 1500~4200 元 / 张

3. 装饰搭配

（1）现代油画

简欧风格家居的装饰除了适合使用一些造型比较简单但带有欧式特征的古典西洋油画外，还适合使用一些现代感的油画。

市场估价 78 ～ 420 元 / 组

（2）线条柔和的水晶吊灯

框架造型以柔和感的曲线为主，不使用或很少使用复杂的雕花，灯使用仿烛台款式，下方悬挂水晶装饰的吊灯。

市场估价 350 ～ 1500 元 / 盏

（3）简化欧式图案布艺

简欧风格布艺减少了植绒材料的使用，更多地加入了丝光面料和棉质材料，图案采用简化的欧式经典图案、较现代的人物头像等。

市场估价 120 ～ 660 元 / 组

（4）金属摆件

金属摆件是简欧风格区别于古典欧式风格的一个显著元素，有两种类型，一类是纯粹的金属，另一类是金属和玻璃结合的摆件。

市场估价 150 ～ 280 元 / 组

（5）摄影画

如果想增添一些时尚感和现代感来体现简欧风格的特点，也可以使用人物、风景或建筑为主题的摄影画来装饰家居。

市场估价 100 ～ 350 元 / 组

古典欧式华美大气，显著特征硬装搭配少量家具

古典欧式装修风格以华丽的装饰、浓烈的色彩、精美的造型达到雍容华贵的装饰效果，通过极具特点的建筑构建搭配家具塑造出独特的宫廷美感。因此可以将硬装的预算重点放在这些显著特征的构件上，而后搭配一些家具来节省预算。

材料选用

在材料选用上，以红胡桃饰面板、天然石材、描金石膏装饰线等为主，如果预算有限，可以利用墙面饰面板、古典欧式壁纸等代替，从硬装设计到家具在整体上达到古典风格感。

家具选择

欧式古典风格的家具做工精美，并装饰有镀金的铜饰，艺术感强。为了节省预算，可以选择少量的欧式家具，既不会显得居室杂乱拥挤，又能凸显风格特征。

装饰搭配

欧式古典风格在配饰上可以利用一两件精致的装饰物，营造华贵的居室氛围。例如选择一幅金框西洋画，营造空间开阔的视觉效果，既充满古典气息又实惠。

1. 材料选用

（1）藻井式吊顶

适合使用古典欧式风格进行设计的家居空间，通常面积较大、举架较高，做一些华丽的带有灯池的顶面造型，能够强调欧式的华丽感并减弱由建筑的高度带来的空旷感。

市场估价 150~260 元 / 平方米

（2）雕花石膏线

雕花石膏线在古典欧式风格住宅中的作用很多，除了可以装饰顶角外，还可以直接粘贴在顶部和墙面上做造型，如果想要强化华丽感，还可以用带有描金设计的款式。

市场估价 15 ~ 35 元 / 米

（3）石材拼花地面

因顶面造型都比较复杂，如果地面过于朴素就会形成上重下轻的感觉，所以古典欧式风格的地面也多采用石材拼花，体现出雍容华贵的感觉。

市场估价 180~680 元 / 平方米

小贴士 掌握设计重点，达到节约资金的目的

选择古典欧式风格来装修，可以将资金的重点放在具有风格特点的设计部位上，例如电视墙或沙发墙做一些典型欧式造型，其他墙面粘贴壁纸搭配石膏线，顶面设计可以简单一些。重点的大件软装选择做工精致的款式，饰品降低预算并精简。

2. 家具选择

（1）雕花鎏金、描金沙发

古典欧式风格沙发讲究手工精细的裁切雕刻，对每个细节都精益求精。轮廓和转折部分由对称而富有节奏感的曲线或曲面构成，表面多会装饰镀金、镀银、铜饰。坐卧部分以天鹅绒、皮料等为主，具有华贵优雅的装饰效果。

市场估价 1700~12000 元 / 张

（2）兽腿几类

古典欧式风格几类多采用兽腿造型，上面带有繁复流畅的雕花可以增强家具的流动感，也会使用鎏金或描金设计，面层多为实木或大理石，这种组合令家居环境更具品质感，与沙发搭配非常协调。

市场估价 1800~4600 元 / 件

（3）雕花曲线贵妃椅

贵妃沙发椅整体都带有优美玲珑的曲线，可以传达出奢美、华贵的宫廷气息。因为欧式沙发给人的感觉比较厚重，所以在沙发组合中将部分沙发换成贵妃椅，不仅能够增强华丽感，还能够调节层次。

市场估价 800~1900 元 / 张

（4）曲线雕花描金实木柜、桌

古典欧式风格桌、柜类家具以实木材料为主，常用的有柚木、榉木、橡木、胡桃木、桃花心木等。在边缘、面板或腿部同样会做一些曲线雕花造型和描金设计，厚重又华丽。

市场估价 980~16000 元 / 件

（5）软包拉扣床尾凳

床尾凳并非是卧室中不可缺少的家具，但却是古典欧式风格家居中很有代表性的家具，通常是木质框架搭配软包拉扣式的组合，能够丰富卧室的装饰层次又不显得凌乱。

市场估价 100~2600 元 / 件

3. 装饰搭配

（1）雕花描金树脂灯具

古典欧式风格灯具多以树脂和铁艺为主，其中树脂运用的比较多，通常会带有一些雕刻式花纹造型，而后多会贴上金箔、银箔或做描金处理，具有非常华丽的质感。

市场估价 600 ~ 3500 元 / 盏

（2）色彩浓丽的油画

油画是西洋画的主要画种之一，它的色彩搭配比较浓烈，搭配金色的树脂画框后，非常适合用在古典欧式风格家居中，能够烘托艺术感并增强华丽感。

市场估价 180 ~ 890 元 / 组

（3）植绒材料布艺

古典欧式风格布艺材料的选择以植绒材质为主，色彩多或淡雅或浓郁；图案最具代表性的是大马士革图案，佩斯利图案和欧式卷草纹也比较典型。

市场估价 1500~55000 元 / 组

（4）雕像摆件

欧洲艺术史上有很多著名的雕像，例如维纳斯、大卫等，将仿制雕像作品运用于古典欧式风格的家居中，可以体现出一种文化气息与历史传承。

市场估价 300 ~ 600 元 / 个

（5）西方风格花卉

西方风格花艺花材用量大，具有追求繁盛的视觉效果，多为几何形式布置，色彩浓厚、艳丽，且对比强烈，能够创造出热烈的气氛和富贵豪华感。

市场估价 230 ~ 350 元 / 组

巴洛克风格繁复夸张，
强烈色彩代替复杂雕刻家具

巴洛克风格追求怪异和不寻常的效果，因此空间多用强烈的色彩来表现繁复夸饰、富丽堂皇的艺术境界。减少带有复杂设计的硬装装饰，以带有华丽色彩的软装增加视觉冲击力。在大面积采用饱和度较高色彩的同时，用金色予以协调，更能体现出富丽堂皇的装饰效果。

材料选用

巴洛克风格追求豪华、奢靡，炫耀财富，因此在家居装饰中会大量使用贵重的材料，若预算有限可以在墙面镶嵌大型镜面或大理石来体现繁复的设计理念。

家具选择

巴洛克家具的特色是使富于表现力的装饰细部相对集中，简化不必要的部分而强调整体结构。可以选择一两件带有繁复雕花的家具，搭配欧式家具，以节省资金。

装饰搭配

巴洛克风格的装饰常常体现出华丽的特征，可以根据预算的高低，选择色彩艳丽的织物、精美的油画或多彩的宫廷插花作品，来体现风格的基本特质。

1. 材料选用

（1）金箔贴面

金箔贴面能令居室呈现出金碧辉煌的装饰效果，可以充分体现出巴洛克风格的选材特征。

市场估价 200~1500 元 / 平方米

（2）大型镜面 / 烤漆玻璃

巴洛克的家居中常会用大型镜面或烤漆玻璃来为居室带来炫目的效果，其中尤以深色烤漆玻璃最受欢迎。

市场估价 60~300 元 / 平方米

2. 家具选择

（1）高背扶手椅

高靠背扶手椅所有的木构件都是以雕刻装饰的，符合巴洛克风格对家具选择的诉求，且座面和靠背皆是以华丽的织物包面。

市场估价 2000~5500 元 / 把

（2）带有繁复雕刻花纹的桌、椅

巴洛克家具强调雕刻的艺术性，常采用曲面或者波折、流动变化的线条，让家具带有华美浓厚的效果。

市场估价 2000~6000 元 / 张

3. 装饰搭配

（1）宫廷插花

欧式宫廷插花的花材一般花形大、花瓣繁复，与巴洛克风格追求繁复与华丽的理念相符。

市场估价 100 ～ 500 元 / 束

（2）巴洛克可调光台灯

巴洛克可调光台灯一方面呈现出古典、华丽、传统的美，另一方面又体现出浪漫主义色彩。

市场估价 150 ～ 400 元 / 盏

（3）天顶画

天顶画多用于教堂，以宗教题材为主，体现出浓郁的神秘感，被广泛地应用于巴洛克风格的居室中。

市场估价 40~800 元 / 平方米

（4）贵族壁画 / 装饰画

巴洛克风格追求贵族气质，因此也常会采用带有贵族生活题材的装饰画或壁画来装点家居。

市场估价 200 ～ 500 元 / 幅

（5）镀金装饰品

镀金装饰品所独有的华贵气息十分吻合巴洛克风格的特质，运用在家居中，可以令居室呈现出金碧辉煌的视觉效果。

市场估价 100 ～ 600 元 / 个

第四章
房屋空间区分处理，预防预算变化

在进行预算分配时，如果资金有限，那么可以将客厅和餐厅等公共区作为装修的重点，而其他空间可以节约硬装的支出，将重点放在软装上。不同空间因为功能性不同，所以在装修时要提前做好规划，防止预算变化而影响整体预算额度。

客厅应实用与美观相结合，简化吊顶省预算

客厅是家居中主要的活动、交谈区域，大部分的客人对于一个家庭的印象主要来源于客厅，它的装饰能够体现主人的品位、文化修养等特点。建议将客厅作为家居中的装饰重点，但如果资金有限，可以简化吊顶设计，重点设计局部墙面来制造视觉亮点。

1. 客厅预算省钱原则

（1）从实用角度出发

如果居所的面积不大且不希望花费太多资金，在进行客厅设计时可以从实用角度出发，选择简洁一些的风格。可将电视墙作为设计重点，使硬装有一个中心点，顶面少做或不做造型，用更多的资金选择舒适的家具。

（2）将钱用在刀刃上

当居所的面积比较大的时候，装饰客厅花费的资金就会比较多，可以将预算的重点放在能够代表所选风格的典型装饰部分上，例如欧式风格将典型造型和材料用在电视墙或沙发墙上，顶面、地面和其他墙面不做造型，而后再搭配一些典型家具，就可以节约部分资金。

（3）购物时多作比较

选择的风格比较古典时，无论是材料还是家具价格都比较高一些，有了心仪的款式时，不要急于购买，问清楚材料、做工等详细情况，而后再找寻类似的款式，货比三家，在相同等级的情况下，如果选择有做活动或者可以团购的商家，就可以节约不少资金。

2. 客厅空间的顶面预算

（1）平顶

平顶是不做任何吊顶造型，在原建筑顶面上涂刷乳胶漆或涂料的一种设计方式，非常适合房高低或面积小的客厅。

市场估价在 25~35 元 / 平方米

（2）整体式吊顶

用石膏板在距离原顶面一定高度的地方做整体式的平顶，通常两边或四边会留有一定的距离，搭配暗藏灯槽设计出具有延伸感的灯光效果，适合中等面积且有一定高度的客厅。

市场估价在 95~110 元 / 平方米

（3）藻井式吊顶

现在在一些没有梁但高度足够的居室内，为了表现风格特点，也会做一些井字形的假梁，搭配装饰线塑造出一个丰富的顶面造型。

市场估价在 155~210 元 / 平方米

（4）局部吊顶

在墙面重点位置的上方做一些宽度比较窄的局部性吊顶，反而可以通过高度差在视觉上拉伸原房间的高度，很适合面积中等但较低矮的客厅。

市场估价在 75~110 元 / 平方米

（5）悬吊式吊顶

悬吊式吊顶就是将各种吊顶板材，在距离原顶面一定距离的位置悬吊固定。其造型多变、富于动感，比较适合一些大户型或是别墅的客厅装修。

市场估价在 125~145 元 / 平方米

3. 客厅空间的背景墙预算

（1）文化石

文化石造型多样，且效果逼真，是天然原石的最佳替代材料，能够塑造出具有粗犷感的效果。

市场估价在 108~350 元 / 平方米

（2）木纹饰面板

木纹饰面板是实木材料的最佳替代品，它的底层是人造板，面层是木贴皮，款式非常多样，是制造背景墙非常好的材料。

市场估价在 66~165 元 / 平方米

（3）墙纸、墙布

墙纸和墙布花样繁多、施工简单、更换容易，环保且遮盖力强。用在客厅背景墙上可以起到非常好的装饰效果，尤其适合经济型的装修。

市场估价在 35~520 元 / 平方米

（4）石膏板造型

石膏板的可塑性高，且价格较低，可以直接粘贴在墙面做造型，也可以搭配基层板材做立体造型，表面可涂刷彩色乳胶漆、涂料，还可搭配各种线条做几何造型。

市场估价在 85~195 元 / 平方米

（5）大理石

大理石纹理和色泽浑然天成，具有低调的华丽感，但大面积的使用容易让人感觉冷硬，所以适合小范围地用在背景墙来体现居住者的品位。

市场估价在 200~550 元 / 平方米

省钱小秘籍

✅摒弃繁琐的电视背景墙设计

做个简洁明快的电视背景墙，在颜色上可以突出一点，再搭配几幅装饰画，这样可以随时更换装饰，灵活性更强，在费用上也能节省一大笔。

✅ 巧用沙发外罩给旧沙发换新颜

如果能够通过更换沙发表皮，从而达到和居室风格协调一致的效果，那么就可以不必再买一套新的沙发，好的沙发外罩会让沙发看上去和新的一样，也能节省下一部分资金。

✅ 定制家具做好充分的市场调查

一些个体作坊，由于大量使用了质次价低的材料，家具的价格比较便宜，动辄能够砍价上千元。对这类看似便宜的家具表面上也许看不出什么毛病，使用一段时间后便可悟出"一分价钱一分货"的道理了。做好充分的市场调查，不仅可以节约装修预算，也能保证家具装饰的质量，为后期保养也省下不少麻烦。

✅ 巧妙利用装饰构件

买些活动的装饰构件，轻巧易更换，融合整个装修风格；用简洁的可经常涂刷变换颜色的装饰墙面，既省钱又美观实用。

餐厅以功能性为出发点，材料耐磨少修补

现在大部分餐厅都是呈开敞式布局，与客厅同属于公共空间，用于进餐和交流。在进行餐厅的设计时，建议从它的功能性出发，一切布置以保证用餐时的愉快心情为前提。所以在保证其功能性上，实用耐磨的材料从长远看可以减少日后修补、返工的费用。

1. 餐厅预算省钱原则

（1）减少顶面的复杂程度

在相同材料的情况下，顶面造型越复杂，所使用的材料数量就越多、人工费也越贵，整体价格也就越高。一般普通家居餐厅的面积都比较小，建议使用以直线条为主的、整体比较简洁的吊顶形式，给人的感觉会比较舒适，同时还能减少资金的投入。

（2）墙面使用施工简单的材料

餐厅由于位置的限制，通常仅有一面墙适合做背景墙。除了一些非常华丽的风格外，大部分餐厅可以使用施工简单的材料来装饰墙面，使整体装饰有一个主次区分的同时，减少造型和工费，达到省钱的目的，例如使用玻璃、壁纸，或简单地涂刷乳胶漆搭配色彩突出的装饰画等。

（3）选择款式简洁一些的家具

在餐厅中，由于面积的限制，家具的种类比较少，通常来说就是餐桌椅、餐边柜或酒柜，若预算有限，就可以选择在风格限制内比较简洁的款式。特别是在小餐厅中，小巧的、可折叠的餐桌椅，简洁、美观、价格低，是很好的选择。

🏠 2. 餐厅空间的顶面预算

（1）长方形吊顶

长方形吊顶通常是四边下吊中间内凹的一种造型，其四周会设计一些筒灯或射灯等辅助性光源来烘托氛围。

市场估价在 125 ～ 135 元 / 平方米

（2）弧线吊顶

弧线吊顶适合餐桌椅靠一侧摆放的餐厅，吊顶设计在餐桌倚靠的一侧，呈弧线形造型，使弧形的一半显露在吊顶上，另一半隐藏在墙面里，给人以餐厅空间很大的错觉，很适合面积比较小的餐厅。

市场估价在 125 ～ 145 元 / 平方米

（3）圆形吊顶

圆形吊顶有两种设计形式，一种类似长方形吊顶，但中间是圆形的内凹造型；另一种是中间整体下吊做成圆形，四周为原有顶面，中间安装吊灯，如果四周宽度足够，还可以使用辅助光源。

市场估价在 125 ～ 155 元 / 平方米

小贴士 先定灯具再做吊顶也可以节约预算

在设计餐厅吊顶的造型时，如果有喜欢的灯具，可以与设计师进行沟通，根据灯具的形式来设计吊顶。例如灯具比较美观或极具特色，吊顶的形式就可以简洁一些；或者根据灯具的形状来设计一块局部式的吊顶，既具有整体感又能够达到节约资金的目的。

3. 餐厅空间的背景墙预算

（1）壁纸

餐厅墙面壁纸的运用方式较多，例如全部满铺、与石膏线或护墙板组合成背景墙等，而后以装饰画等点缀，适合各种风格的餐厅。

市场估价在 35~350 元 / 平方米

（2）彩色乳胶漆

餐厅是需要一些能够促进食欲的色彩的，当餐厅面积不大时，就可以简单地用彩色乳胶漆装饰背景墙，搭配装饰画、隔板组合摆件等来烘托氛围。

市场估价在 25~55 元 / 平方米

（3）浅色系饰面板

使用浅色的饰面板能够彰显宽敞感。饰面板可以做成横向条纹或竖向条纹的样式，中间可以做凹陷造型形成一定的间隔排列，也可以镶嵌不锈钢条等材料。

市场估价在 50~165 元 / 平方米

（4）镜面墙

镜面墙适合面积比较小的餐厅，镜面具有延伸的效果，能够扩大餐厅视觉上的面积，又能够增添时尚感和现代感。

市场估价在 220~280 元 / 平方米

（5）白色砖墙

白砖墙的制作有两种方式，一种是底层使用红砖表面涂刷白色涂料；另一种是用3D 壁纸粘贴于墙面上。

市场估价在 13~180 元 / 平方米

4. 餐厅空间的地面预算

（1）亚光砖

亚光砖能够吸收一定的光线，避免餐厅形成光污染，使餐厅具有舒适、柔软的感觉。

市场估价在 45 ~ 85 元 / 平方米

（2）地砖拼花

拼花地砖的形式有两种，一种是以一定规律排列的全拼花；另一种是局部地面拼花，在餐桌的正下方，拼花的面积略大于餐桌的面积，可形成餐厅的视觉主题。

市场估价在 65~180 元 / 平方米

（3）玻化砖

玻化砖具有通透的光泽，可以像一面镜子一样反射自然光线，使餐厅显得更整洁。同时玻化砖非常耐磨，可以避免餐桌椅滑动在地砖上留下划痕，一旦有食物掉落在地砖上，也很容易清洁，不容易被污染。

市场估价在 100~450 元 / 平方米

（4）深色复合地板

餐厅顶面通常是白色或浅色材料，当高度略低时，深色的木地板与顶面形成对比，利用浅色的上升感和深色的下沉感拉长视觉上的高度差。另外复合材质易于清洁，可以避免很多麻烦。

市场估价在 65~185 元 / 平方米

小贴士 小餐厅与客厅地面使用同材料更利于砍价

当餐厅的面积不大时，餐厅地面选择与客厅地面相同的材料，会使整个公共区具有比较统一的感觉，效果更美观，且同一种材料购买的数量会比较多，有利于砍价，而从辅料和工费的角度来说，也都比较节约，是一种节约资金的做法。

卧室满足睡眠需求，
简洁墙顶造型更节约

卧室的作用是为了满足人们的睡眠需求，除了面积非常大的卧室外，不建议设计得过于花哨。由于卧室是非常私密的空间，在进行整体设计时，要充分考虑居住者的生活习惯，如果追求舒适的休憩环境，可以将墙顶造型简化，把设计的重点集中于软装布置。

1. 卧室预算省钱原则

（1）前期规划多花精力

在进行卧室设计时，首先应考虑使用者的性别和年龄等因素，是成年人、儿童还是老人，根据使用者的不同，来确定室内墙面是否需要做一些造型，有哪些部位需要考虑安全性等，减少不必要的装饰性部位，很好地进行统筹规划，而后再去选择造型和材料，不仅能够让不同的使用者感到舒适，还可以节约很多资金。

（2）将钱用在材料的质量上

卧室的环保性是非常重要的，人的睡眠时间占据了每天 1/3 的时间，如果使用的材料不够环保，会对人体健康造成危害，所以与其将资金花费在做大量造型上，不如减少造型而购买一些高环保性的材料，也是节约资金的一种方式。

（3）将床头墙作为重点设计

通常卧室内只要有一个背景墙就可以满足装饰需求了，将床头墙作为造型重点是因为作为卧室中心的床依靠这面墙，搭配床头做一些造型更容易让人感觉顺理成章。床头墙并不一定是复杂的，只要与其他墙面有明显的区别即可，有了主体后其他墙面就可以简单地处理，例如涂刷乳胶漆或粘贴壁纸，有了层次后即使花费很少的资金效果也不会差。

🏠 2. 卧室空间的顶面预算

（1）长方形吊顶

卧室通常来说都是长方形的，使用四边下吊中间内凹的长方形吊顶从视觉上来说，比例非常合适。

市场估价在 125~135 元 / 平方米

（2）尖拱形吊顶

当卧室的层高超出标准层高非常多的时候就可以采用此种吊顶造型，来减弱因为房高带来的空旷感。可根据具体的卧室风格选择尖拱形吊顶的样式。

市场估价在 130~155 元 / 平方米

（3）一体式吊顶

将吊顶和床头墙做连接式的设计，从侧面看是一条"L"形或倒"U"形的线条，通常用筒灯做主灯，造型两侧可以安装暗藏灯带。

市场估价在 110~160 元 / 平方米

（4）公主房吊顶

在床头位置的正上方，设计出一个半弧形的石膏板吊顶，并搭配弧形的石膏线，在半弧形的吊顶四周围上彩色的纱帘。自然下垂的纱帘正好可将人包围在纱帘的内部。

市场估价在 115~145 元 / 平方米

（5）悬吊式吊顶

石膏线不仅有直线的款式，还有很多加工好的圆形、曲线等款式，直接粘贴在顶面的四角或中间组成一定的造型。

市场估价在 56~238 元 / 平方米

🖋 3. 卧室空间的背景墙预算

（1）皮革软包墙

在欧式风格卧室中，通常是从顶面到地面设计成方块状的皮革软包，呈斜拼的形式排列；而现代风格的卧室中，则是将皮革软包呈竖条纹排列，然后在皮革的纹理与颜色上寻求变化。

市场估价在 380~560 元 / 平方米

（2）布艺硬包墙

硬包床头墙表面使用的是布艺材料，基层不使用海绵，所以有棱角，触感比较硬挺。

市场估价在 260~320 元 / 平方米

（3）壁纸、壁布墙

卧室内的壁纸和壁布背景墙有两种常见的形式。一种是简单的平铺，而后搭配具有一些特点的床和装饰画来丰富墙面内容；另一种是搭配一些简单的造型，适合采用壁纸画或分块的方式铺设。

市场估价在 35~350 元 / 平方米

（4）石膏板造型墙

使用石膏板来塑造床头墙宜结合居室风格来设计造型，如欧式风格的卧室可设计成带有欧式元素的造型；现代风格的床头墙可设计成几何造型的样式等。

市场估价在 155~260 元 / 平方米

（5）乳胶漆或涂料墙

卧室内的乳胶漆或涂料背景墙通常会搭配一些造型或拼色方式来设计，例如床头墙使用彩色漆而其他墙面使用白色漆等，是一种操作简单且比较经济的装饰方式。

市场估价在 25~75 元 / 平方米

🏠 4. 卧室空间的地面预算

（1）软木地板

软木地板具有很好的弹性与韧性，铺设时如果原来底层有地板，那么不必拆除，可直接铺在上面，很适合儿童房和老人房，能够避免摔倒后的磕碰。

市场估价在 300~800 元 / 平方米

（2）实木地板

实木地板脚感好、质感高档，在不是特别潮湿的地区，还有调节湿气的作用，带有木材天然的芳香，有利于人的身心健康。

市场估价在 260~320 元 / 平方米

（3）仿木纹地砖

卧室铺设仿木纹陶瓷砖的主要优点是便于打理。仿木纹陶瓷砖长久耐用、造价低廉且不怕水淋。

市场估价在 110~220 元 / 平方米

（4）地毯

地毯具有丰厚的手感和柔软的质地，能消除地面的冰凉感，还能吸音，可使卧室更舒适、更富质感。

市场估价在 50~130 元 / 平方米

（5）亮面漆复合地板

涂刷了亮面漆的木地板反光性较高，具有通透感，卧室内灯光较柔和，不用担心有光污染的问题，使用亮面漆地板能够增添整洁感。

市场估价在 260~320 元 / 平方米

书房注重学术氛围，定制书柜是支出重点

书房是用来工作或学习的空间，首先应保证的是有一个相对安静的环境。装饰性方面应注重学术氛围的营造，与书房功能无关的装饰宜减少设计或完全不设计。背景墙与书柜结合是可以兼具实用性和装饰性的设计方式，也可以节省下装饰的预算支出。

1. 书房预算省钱原则

（1）用书柜充当背景墙

如果不是面积特别大显得很空旷的书房，无须单独设计背景墙，可以将储物家具与背景墙的设计结合起来，或做成整面墙式的书橱，或用两组书橱组合，中间悬挂装饰画。如果墙面非常小也可以仅仅搭建几块隔板，再搭配一些灯光和小饰品，既可以充分地利用空间面积，又能营造文化氛围，是非常省钱的做法。

（2）规划位置后再确定装饰形式

书房与卧室不同，它并不一定是一个独立的空间，其具体位置取决于主人的需要。如果家居空间面积较大，平时有较多的公务需要在家中处理，就可以规划一个单独的空间作为书房；如果公务不多、面积小，就可以在其他空间中规划出部分空间兼作书房，例如阳台。

（3）购买或定制成套家具

书房中的家具数量比较少，通常来说包括书柜、书桌、工作椅等。书柜和书桌建议成套购买或定制，效果比较统一，能够扩大空间感，同时也便于砍价，且方便保修。

📐 2. 书房空间的顶面预算

（1）吸音板吊顶

吸音板吊顶可以根据室内声学原理设计，进行不同的穿孔率设计，在一定的范围内控制组合结构的吸音系数，既能达到设计效果，又能合理控制造价。

市场估价在 55~105 元 / 平方米

（2）跌级吊顶

跌级吊顶适合高度很高的书房，顶面适当做一些层级式的造型，能够吸收一些声音，避免回声的产生。

市场估价在 125~165 元 / 平方米

（3）平顶

平顶就是不设计任何吊顶造型，仅在建筑结构的原顶面上做涂装的一种设计方式，适合举架比较低的书房。为了避免单调，可以在四周安装一圈石膏顶角线做装饰。

市场估价在 25~35 元 / 平方米

（4）整体式吊顶

此种吊顶设计适合房高略高的书房，用石膏板在原顶面的一定距离下方，做平面式的吊顶，通常在门口或窗帘位置留空，可做暗藏灯槽。

市场估价在 95~110 元 / 平方米

（5）夹板造型吊顶

夹板即为胶合板，材质轻、强度高，能轻易地创造出各种各样的造型天花，适合顶面需要做不规则形状吊顶的书房，例如连续的圆弧形、曲线、弧线等形状的吊顶。

市场估价在 125~175 元 / 平方米

🏷️ 3. 书房空间的背景墙预算

（1）定制书柜墙

书柜墙的设计有两种方式：一种是在一侧墙体的前方用整体式的书柜兼做背景墙，如果有需要，可以在中间位置设计空位来悬挂装饰画；另一种是将原墙体拆除，直接用书柜兼做隔墙来扩展室内面积，适合小面积书房。

市场估价在 320~580 元 / 平方米

（2）素雅纹理壁纸

选择素雅纹理的壁纸温馨而又利于让人沉淀思绪，过于花哨的壁纸和大纹理的款式则不适合使用。

市场估价在 55~180 元 / 平方米

（3）浅色乳胶漆

如果是使用乳胶漆装饰书房墙，应选择浅色调的明亮色系，以利于保护眼睛，还会增加人们阅读的愉悦感。

市场估价在 25~35 元 / 平方米

（4）浅色墙裙造型

墙裙的高度通常为 90~1100 厘米，上方搭配乳胶漆或壁纸都很合适。墙裙可以根据书房的风格涂刷成白色或彩色混油，也可以选择色彩比较浅淡的饰面板或实木。

市场估价在 260~350 元 / 平方米

（5）白色砖墙

白色砖墙不适合使用大面书柜，而适合使用小书柜、小书架等来存储物品的情况。

市场估价在 13~180 元 / 平方米

4. 书房空间的地面预算

（1）深色实木地板

实木地板既可以吸音又能够营造舒适的氛围，选择深色调是因为可以拉开与顶面的距离，让整体比例更舒适，同时具有一种沉淀感。

市场估价在 350~1500 元 / 平方米

（2）织布纹理的强化木地板

织布纹理复合地板一改以往木地板的实木纹理，而采用织布的纹理，使地面看起来具有文艺气息，是一种比较适合铺设在书房的复合地板。

市场估价在 250~320 元 / 平方米

（3）短绒地毯

短绒地毯比长毛地毯好打理，可以将其满铺在书房的地面上，来增加踩踏的舒适感，同时还能够起到吸音的作用，以降低噪音。

市场估价在 50~130 元 / 平方米

（4）少纹理地砖

使用少纹理的地砖主要目的是为书房提供，一些柔和的反射。通过地砖的颜色与反光效果，影响整体空间的明亮、通透。

市场估价在 80 ~ 180 元 / 平方米

（5）凹凸纹理复合地板

表面带有浮雕凹凸纹理设计的复合地板，观感上非常高级且不容易出现划痕，纹理具有吸音效果，适合各种风格的书房。

市场估价在 180 ~ 360 元 / 平方米

厨房以烹饪与储存为主，橱柜设计是关键

厨房是家庭中烹饪的主要场所，在装饰厨房时，首先应注重材料的抗油污、易清洁性能，而后再考虑其装饰效果。无论是大厨房还是小厨房，国人的习惯都是首先解决储物的问题，橱柜占据的面积是比较大的，所以在选择上要根据生活习惯及厨房面积来决定。

1. 厨房预算省钱原则

（1）不选花纹突出的墙砖或橱柜，橱柜后方不贴砖

如果厨房的面积较小，大面积墙被橱柜覆盖，可以选择比较干净、透亮但纹理和工艺比较简单的砖，这样就可以节约很大一笔资金。同时，橱柜后方在做好基层处理后，不粘贴瓷砖，也是减少瓷砖费用的一种方法。

（2）选防滑性好价格低的地砖

厨房由于会有一些水渍，所以防滑性能也是非常重要的。如果资金不是很充足，可以在厨房地面铺设颜色比较干净的、防滑性能较好且价格略低些的地砖，不但能够使厨房有一种整洁感而且很实用。

（3）根据实际需求定制橱柜

如果厨房的面积有很多空余，无需做满橱柜，建议结合日常需求估算一下自己常用的厨房用品，在定做橱柜时只要满足使用需求即可，这样可以节省很多资金。空余的地方可以安装一些隔板来代替橱柜，既能储物又能摆放一些装饰品。

2. 厨房空间的顶面预算

（1）印花铝扣板吊顶

铝扣板以铝合金为基材，具有质轻、防潮、防火、易清洗等优点，是非常适合厨房使用的一种吊顶材料。

市场估价在 110 ~ 215 元 / 平方米

（2）镜面铝扣板吊顶

镜面铝扣板表面类似于镜面的效果，具有非常好的反射性能，能够从顶面为空间增加亮度，设计在小空间的厨房，可达到拓展视觉空间的效果。

市场估价在 125~180 元 / 平方米

（3）防火石膏板吊顶

石膏板吊顶适合大面积的厨房或敞开式的厨房，使厨房的吊顶设计独具美感和造型感。且具有防火性能的石膏板吊顶，一旦厨房发生火灾可以离火自熄，增强安全性。

市场估价在 110~135 元 / 平方米

（4）生态木吊顶

生态木吊顶通常是搭配石膏板吊顶组合设计的，最常用的做法是在周围设计局部式的石膏板造型，中间的位置加入生态木造型。

市场估价在 40~95 元 / 平方米

（5）PVC（聚氯乙烯）扣板吊顶

自从铝扣板大量地投入市场后，PVC扣板的使用量大大减少，但一些仿木纹的款式有时也会使用在厨房顶面中，增添温馨的感觉。

市场估价在 60~100 元 / 平方米

3. 厨房空间的背景墙预算

（1）暗纹亮面砖

亮面砖的表面反光性非常强，如果同时再搭配非常明显的纹理就会显得很混乱，所以在相对面积较小的厨房内，使用暗纹的亮面砖能够扩大空间并增添整洁感。

市场估价在 80～170 元／平方米

（2）不锈钢墙

不锈钢不容易生锈且便于清理，用其装饰吊柜和地柜之间的墙面，很适合现代风格的厨房，能够增添时尚感。不锈钢分为亮面和拉丝两种款式，亮面能够扩大空间感，而拉丝款式则更具高级感，可根据喜好选择。

市场估价在 80~360 元／平方米

（3）烤漆玻璃墙

烤漆玻璃经过了喷漆上色处理，具有不透光的特性，易于进行清理、擦洗，很适合用在料理台前的墙面上。烤漆玻璃色彩选择性很多，且多经过强化处理，具有很高的安全性。

市场估价在 260~280 元／平方米

（4）仿古砖斜贴

铺设一般有两种方式：第一种方式是在离地面 900 毫米以下的墙面采用直贴的方式，然后以上的墙面采用斜贴的形式；第二种方式是厨房的全部墙面采用斜贴的方式。具体的墙面粘贴方式，可根据不同的仿古砖样式进行设计。

市场估价在 170~260 元／平方米

4. 厨房空间的地面预算

（1）拼花仿古砖

拼花仿古砖一般选择 300 毫米 ×300 毫米的尺寸，在四角通常配有马赛克大小的拼花，成一定规律地铺设在厨房地面。

市场估价在 45 ～ 85 元／平方米

（2）玻化砖

玻化砖质地坚硬，耐磨性强，具有明亮的光洁度。如果厨房面积不大，可以选择色调浅的玻化砖，搭配类似色彩的墙面砖。橱柜则选择色调较深的款式，使厨房整洁而活泼。

市场估价在 65~180 元／平方米

（3）防滑砖

防滑砖美观性略差，花纹比普通砖要少一些，但对于多口之家或老年人家庭来说是很合适的，可以避免因水渍而滑倒，降低危险性。

市场估价在 100~450 元／平方米

小贴士 铺设地砖计算好损耗可节约资金

在厨房铺设地砖时，建议计算好损耗，可以避免浪费，节约资金。通常来说按照 3% 的耗损量来计算最为合理。如果采用花式铺贴就要高一些，所以普通的铺贴方式最省钱。规划时需要对用料进行初步的估算，除了地砖数量需要估算，还有辅料使用量也需要估算。一般地砖数量的计算为：所需地砖数＝（房屋面积／地砖面积）×1.03%。而辅料的计算一般是按照每平方米地砖需要普通水泥 12.5 千克、沙子 34 千克，白水泥和 108 胶水在填缝处理时用到，按每平方米 0.5 千克计算。

卫浴间满足盥洗需要，选好材料才能防霉防潮

卫浴间与厨房都是水汽比较重的空间，所以其装饰材料的选择重在防水汽和防霉，同时还应易于清洁和打理，才能为生活带来便利。如果选择了容易发霉的劣质材料，需要定期地花费大力气来清扫，且还会严重影响美观性和身体健康。

1. 卫浴间预算省钱原则

（1）使用便宜又个性的材料

有很多效果个性、价格便宜且不怕水淋的材料，例如抿石子、水泥、灰泥涂料等，可以用它们来装饰卫浴间的墙面或地面，对于追求时尚潮流的年轻人来说，是非常能够展现个性并节约资金的一种选择。

（2）根据实际需要定做橱柜

小户型浴室空间狭小，往往安装淋浴区而不是浴缸，因此干湿区域的分隔可以使用玻璃浴室来实现。若还想节约点空间，也可以采用挂上形式个性的浴帘来隔离干湿区，美观好看又实惠实用。

（3）提前确定墙地砖铺贴方式

卫浴间内的主材为墙砖和地砖，它们的费用主要为材料费及人工费，从省钱角度来说，材料的规格越普通、铺设的方式越常见，则花钱越少。若选的砖规格比较个性或要采取花式铺贴法，所花费的资金也就多。如果不是非常华丽的装修风格且卫浴间的面积不大时，可以少做一些花式设计达到省钱的目的。

2. 卫浴间空间的顶面预算

（1）普通铝扣板吊顶

铝扣板不宜过于沉重、压抑，可以选择色彩比较浅淡的款式。如果需要安装浴霸、灯具等，建议购买集成的款式，设计比较合理，也有利于砍价。

市场估价在 110~215 元 / 平方米

（2）防水石膏板吊顶

防水石膏板吊顶用轻钢龙骨做骨架，表面安装具有良好防水性能的石膏板并涂刷防水乳胶漆。

市场估价在 110~135 元 / 平方米

（3）桑拿板吊顶

桑拿板是经过特殊处理的实木板材，易于安装，具有良好的防水性能，拼接在顶部后，能够增添温馨感和节奏感，为卫浴间增添自然气息。

市场估价在 90~120 元 / 平方米

（4）磨砂铝扣板吊顶

铝扣板的表面具有粗糙的磨砂纹理，减少房间的反光度，有清洁光污染的效果。

市场估价在 120~146 元 / 平方米

（5）欧式金黄铝扣板吊顶

欧式金黄铝扣板是以金黄色为铝扣板的主色调，然后配以欧式的花纹造型，使铝扣板吊顶具有欧式吊顶特有的奢华设计感。

市场估价在 135~160 元 / 平方米

🏠 3. 卫浴间空间的背景墙预算

（1）卫浴间空间的背景墙预算

马赛克是非常适合用在卫浴间中的材料，不仅可以装饰墙面，还可以将墙面的设计延伸到地面上，从色彩上做区域的划分。

市场估价在 150~350 元 / 平方米

（2）大理石墙面

大理石适合使用在较高档的卫浴间中，通常是墙面全部铺贴，使其纹理连贯起来。大理石经过无缝隙的工艺处理，水渍与灰尘都能够很好地被清理。

市场估价在 55~180 元 / 平方米

（3）拼花砖墙

拼花通常会有一个主体位置，例如马桶后方或淋浴区，边缘部分会使用花砖来做过渡，是层次比较丰富的卫浴间墙面装饰方式。

市场估价在 170~320 元 / 平方米

（4）亚光砖整铺

使用亚光面的砖来铺设墙面，不做任何花式设计，可以避免光源污染，并塑造出比较大气的效果。

市场估价在 75~160 元 / 平方米

（5）抿石子造型

抿石子施工时没有面积限制，无缝、价低、防滑，非常适合用在卫浴间的墙面和地面上，甚至连洗手台和浴盆也可以用它来砌筑。

市场估价在 180~360 元 / 平方米

🏠 4. 卫浴间空间的地面预算

（1）防滑地砖

卫浴间离不开水，难免会在地面留下水渍，如果使用了不防滑的材料，很容易摔倒，所以很适合使用防滑地砖。

市场估价在 80 ~ 200 元 / 平方米

（2）炭化木

炭化木经过高温加工去除了内部的水分及破坏供养的微生物，防腐、不易变形、耐潮湿、稳定性高，是非常适合卫浴间地面使用的木材。

市场估价在 78~260 元 / 平方米

（3）桑拿板

桑拿板除了可以用在卫浴间的顶面外，也可以用在地面和墙面上，因为它的颜色比较浅不耐脏，所以不适合大面积铺贴，可做局部装饰。

市场估价在 90~120 元 / 平方米

（4）板岩砖

板岩砖是仿造天然板岩的纹理和色泽制造的，硬度更大，施工更简单，实用性高，它具有凹凸的纹理，具有防滑性。

市场估价在 50~400 元 / 平方米

（5）大理石

在卫浴间中使用大理石做地材，通常是为了搭配大理石墙面而设计的，可以彰显奢华的感觉，但它的防滑性差，可以做一些条纹来防滑。

市场估价在 55 ~180 元 / 平方米

省钱小秘籍

☑ 墙地砖使用同种纹理

卫浴间中有一些可以墙面和地面通用的砖，所以在面积非常小的卫浴间中，墙面和地面可以使用同款式的墙砖和地砖，或者选择同款式不同色彩的砖给界面做个分区，这样可以增加购买的面积，有利于砍价。

☑ 顶面平吊不做造型

石膏板吊顶比起铝扣板吊顶来说，工序要多很多，尤其是在卫浴间中，不仅要使用防水石膏板，表面还要涂刷具有防水性能的涂料，否则很容易因为受潮而掉皮，影响美观性。所以非必要时，建议选择铝扣板吊顶，可以在花色上做文章，尽量不选择石膏板造型吊顶，可以节约很多资金。

☑ 使用浴室镜

如果卫浴间面积较小，可以使用大的浴室镜来进行点缀，一方面由于镜子的映射作用，可以在视觉上显得卫浴间更加宽敞；另一方面，镜面反射光线，也能够使卫浴间看起来更加明亮宽敞，巧用浴室镜，不用改变格局就能扩大卫浴间的视觉面积，从而节约预算。

☑ 不轻易拆改

家装设计最基本的原则就是切忌房间移位，尤其是厨房和卫生间等牵涉较多的空间。如果强行改变空间用途，不仅会增加水电工程的支出，而且很容易造成使用功能方面的问题。例如，排水管线移位时，只要施工稍不注意，在未来就很容易引起很多问题，造成返工，增加支出。

第五章
装修公司辨别清楚，减少冤枉开支

装修公司是业主在进行装修时不可避免需要打交道的中介，但由于装修涉及的方面众多，并且有些专业的条款，业主很难完全理解，因此需要与装修公司有效沟通，知己知彼，才能辨别不合理的装修条款，避开装修陷阱，减少冤枉开支。

认识装修公司，弄清报价差别

不同的装修公司，其运营的方式也是不同的。有些会采用外包工人施工，有些则是自己的工人施工。而这些问题，直接关系到在装修公司支出预算的性价比。考察装修公司时，除去了解运营模式，更要注意装修公司之间的报价差别的本质。

1. 装修公司的几种不同类型

类型	概述	优点	缺点
设计工作室	这类装修公司以设计为主，多是由一些有丰富设计经验的、行业工作时间久的设计师建立。设计上，有独到的见解，可以提供符合家庭格局的设计方案，化解户型难题	◆丰富的设计经验与设计手法； ◆可以打造理想中的住宅空间	◆设计费用相对比较昂贵； ◆施工队伍的工作能力难以确定
超大型装修公司	这类装修公司属于行业内的龙头企业，拥有庞大的规模与精湛的设计团队。对于施工队伍的管理，有细致的、明确的规章制度。选择这类装修公司，给人以放心的感觉	◆设计方案较多，施工专业； ◆售后有保障	◆价格相对较贵； ◆很难依据业主的意愿做事

类型	概述	优点	缺点
全国连锁型公司	很多这类型的装修公司，是属于加盟的性质，挂着相同的公司名字，实际上是各自相互独立的，装修质量参差不齐	◆公司制度完备，流程清晰； ◆责任分工更清晰	◆各个公司不能保证水平统一； ◆水平参差不齐
当地二、三流的装修公司	这类装修公司架构简单，解决问题随意。设计水平往往受到设计师个人见识的限制。施工的水平应当以真实见到的施工户型为准	◆公司服务热情； ◆施工比较集中，且施工质量优秀	◆没有明确的管理体系； ◆设计师水平不高
游击队	这类装修团队不能称为公司，主要是由不同施工种类的工人组成的	◆价格便宜； ◆施工经验较强	◆花费精力更多； ◆完全没有保障

小贴士 选择合适的工长和工人

　　装修工长和工人的选择尤为重要，在考察时注意选择脾气温和、愿意耐心沟通的工人。工长要有基本的管理能力，并且工作负责，同时工艺也更加专业；而工人应具备基本的沟通与理解能力，最重要的是要有相关的资管证书，持证上岗。

2. 不同类型装修公司报价差别

　　针对不同类型的装修公司，其报价也有所不同。总结来说，超大型装修公司与连锁型装修公司在服务费上的价格要比其他类型的装修公司高，而设计工作室的报价高费用主要集中于设计费上。较小的装修公司与游击队的装修费用则主要集中在人工费的方面。

熟知沟通技巧，
掌握主动权不被坑

在确定完装修公司之后，就开始进入到与装修公司沟通谈判的阶段。对于业主而言，是否能有效合理地沟通，能够决定整个装修流程是否流畅、节约。业主可以提前掌握一些谈判的技巧，这样可以占据主动权，对以后的装修也有很大的帮助。

1. 洽谈的前期准备

（1）了解主要材料的市场价格

家装的主要材料一般包括墙地砖、木地板、油漆涂料、多层板、壁纸、木线、电料、水料等。掌握这些材料的价格会有助于在与家装公司谈判时基本控制工程总预算，使总价格不至于太离谱。

小贴士 掌握家居情况，谈判才能更省钱

在与家装公司洽谈前，如果业主没有做好必要的准备工作，洽谈可能会因为资料不足而不能进行下去；相反，做好准备工作，可以高效清楚地进行谈判。因此，如下几项需要了解：

① 有尺寸的详细房屋平面图，最好是官方出具的；
② 确定各房间功能，拿不定主意的可以留待与设计师讨论；
③ 分析经济情况，根据经济能力确定装修预算。

（2）了解常见装修项目的市场价格

家装工程有许多常见项目，如贴墙砖、铺地砖或木地板等，这些常见项目往往占到中高档家装总报价的 70%~80%。对这些常见项目的价格做到心中有数，会有助于业主量力而行。同时，根据自己的投资计划决定装修项目，也可以预防一些家装公司在预算中漫天要价，从而减少投资风险。

（3）了解与其合作的装修公司的情况

在初步确定了几家装修公司作为候选目标以后，要尽可能多地了解关于这些公司的情况，以便于下一步的筛选工作。

小贴士 **具体了解方法**

如果这家公司在家装市场，可以去市场办公室请工作人员介绍一下该公司的情况，或者以旁观者的身份从旁边观察这家公司，比如他们是怎样和客户谈判的，有无客户投诉及投诉的内容是什么。

（4）清楚希望做的家装主要项目

根据投资预算决定了关键项目之后，就要有目的地了解掌握相关的知识，因为这些关键项目也许会决定业主的家经过装修后的整体效果。

2. 需要谈判的问题

效果方面	如果采用对方推荐的材料或样式会达到什么效果
工艺方面	如果用这种方式去做比用其他方法有什么优点
价格方面	家装公司认为他们的方案在价格上有什么优势
工期方面	用这个方案工期会延长还是缩短

小贴士 **认真记录，有备而谈**

在与装修公司谈判时，一定不要忘记作一些记录，这样一方面可以将几家装修公司作比较，看同样的问题不同公司的解答哪一家更合理客观；另一方面，利用同样的问题询问同一个人，看回答是否一致，由此可以看出对方是否真有水平。

读懂装修公司报价单，识破无意义项目

在开始施工前，装修公司会给出装修报价单，里面会含有很多重要信息，了解装修报价单中各个项目的支出所占比例，可有效地掌握装修预算的支出方向与细节，并识破哪些项目是毫无意义的。

1. 报价单所包含的费用种类

费用名称	包括项目	备注
主材费	◆各种构造板材，例如细木工板、指接板、奥松板、饰面板等； ◆瓷砖、地板； ◆橱柜、门及门套、灯具等； ◆洁具、开关插座、热水器、龙头花洒和净水机等	◆板材、瓷砖和地板不会在预算中单独体现，而是与辅材和人工费一起按照一定单位合计体现； ◆如果是全包，成件的主材应在预算中按照单位体现，例如是一个还是一组
辅料费	◆各种钉子，例如射钉、膨胀螺栓、螺钉等； ◆水泥、黄砂； ◆油漆刷子、砂纸、腻子、胶、老粉； ◆电线、小五金、门铃等	由于数量多且种类杂，在预算表中不会单独体现，而是合计到其他费用之中，无法单独计算

类型	概述	缺点
管理费	是指为了本工程发生的测量费、施工图纸费用、工程监理费、企业办公费用、企业房租、水电通信费、交通费、管理人员的社会保障费用及企业固定资产折旧费和日常费用等	如果是"免费设计"，设计费也会隐藏包含在内
税金	企业在承接工程业务的经营中获得了利润，所以应向国家缴纳法定所得税	国家规定的税率为 3.41%，每个公司的税金可能会略有差别，但浮动不大
利润	企业因为操控这个项目所得的合理利润	合理范围内的利润，不会单独体现

🖐 2. 阅读报价单之前应做的调查

方案通过后，在装饰公司出具报价单之前，业主可做一些相应的调查，以便跟自己的估算做一个对比，对大概的额度有一个概念，避免多花冤枉钱。

调查材料价格及工费	调查对象：可以自行对材料市场中自己中意的主材品牌的价格进行一下基本的调查，而后再对本地的各工种的施工工费的基本价格有一个了解，而后自行估算一下总价
	估算方式：假设计划装修的房屋为 90 平方米建筑面积的住宅，按经济型装修价位估算，所需材料费为 5 万元左右，人工费约为 1.2 万元；综合损耗为 5%~7%，估算为 0.4 万元；装修公司的利润为 10% 左右，估算为 0.6 万元左右，总价为 7.2 万元左右
调查同档次装修价位	调查对象：对近期已完成装修的邻居、朋友等进行询问，包括装修类型、主材的品牌以及户型面积等，用总价除以面积得出数据，就是不同档次装修的每平方米平均值
	估算方式：若经济型装修为 500 元 / 平方米，中档为 600 元 / 平方米，高档为 1000 元 / 平方米，豪华型为 1200 元 / 平方米起等，如果全新住宅高档装修的综合造价为 1000 元 / 平方米，那么可推知 90 平方米建筑面积的住宅房屋的装修总费用约在 9 万元。此数值只能是均衡的市场价参考，主材、洁具以及房屋新旧等条件发生变化时，数值也会有所变化

3. 阅读报价单时的重点核对项目

在方案通过后，装饰公司会出具一份报价单给业主，在阅读报价单之前，业主需要做一些核查，才有利于避免各种陷阱，并为自己争取到合理的折扣。

审核图纸是否正确

在审核预算前，应该先审核好图纸。一套完整、详细、准确的图纸是预算报价的基础，因为，报价都是依据图纸中具体的面积、长度尺寸、使用的材料及工艺等情况而制的，图纸不准确，预算也肯定不准确。

工程项目是否齐全

要核定预算中所有的工程项目是否齐全，是不是把要做的东西都列在了预算表上，有没有少报了一个窗口或者漏掉了卫生间、吊顶等现象。漏掉的项目到了现场施工时，肯定还是要做的，这就免不了要补办增加装修项目的手续，计划费用自然又"超标"了。

图纸与预算尺寸应一致

参照图纸核对预算书中各工程项目的具体数量。例如，用图纸上的尺寸计算出刷墙漆的面积是 85 平方米，那么预算书中应该是 84~86 平方米之间。如果按图纸计算的面积是 85 平方米，而预算是 90 平方米，这就是明显的错误。对于一些单价高的装修项目，往往就会相差上千元钱。

材料和工艺说明要明确

装修公司应该告诉业主，所报的这个价格是由什么材料、什么工艺构成的。例如报价单一项："墙面多乐士 38 元／平方米"，这显然不够具体。"多乐士"是一个墙面涂料的品牌，包括很多产品，有内墙漆、外墙漆等，内墙漆又分为几大类，且每种漆又有很多种颜色。

✍ 4. 详细解析报价单

看报价单最重要的是要学会比较，这个比较不能只是比较总价，而是要一项项地比较。在进行比较之前，首先应注意报价单是否写得细致、明了，如果只是简单地罗列价格和数量，而后得出一个总价，关于材料的品牌、施工方式等全无注明，很容易被对方做文章，所以一定要求对方出具的报价单要详细，而后再进行比较。

装饰公司提供的报价单通常是分空间或者按照项目来计价的，例如按照客厅、卧室、餐厅、书房等，或是按照拆除工程、水电工程、瓦工工程等方式来分类，还有可能是两者混合，最后会归纳一个总价，大多数的主材、工费、辅料等不会单独列出，而是会按照工程来计价。

简洁版报价单一

项目工种	人工费用 / 元	材料费用 / 元	管理费 / 元	项目计价 / 元
水工	1140	1580	817	3537
电工	2040	2872	1460	6372
瓦工	4800	2812	2015	8943
木工	1168	2110	960	4238

简洁版报价单二

工程名称	单位	单价 / 元	数量	金额 / 元	备注
一、主卧室					
墙、顶面基层处理	平方米	16	60	960	铲墙皮，腻子找平
墙、顶面乳胶漆涂刷	平方米	10	60	360	涂刷 × × 牌乳胶漆
石膏线安装及油漆	平方米	5	9	45	石膏线粘贴后刷立邦漆
门及门套	樘	1500	1	1500	

正规版报价单

	单位	单价/元	数量	金额/元	工艺做法	备注
一、主卧室						
墙、顶面基层处理	平方米	16	60	960	原墙皮铲除，石膏找平，刮两边腻子，砂纸打磨①	××牌821腻子②产地：山东/青岛 环保型801胶③产地：山东/青岛
墙、顶面乳胶漆涂刷	平方米	10	60	360	乳胶漆底漆两遍；面漆三遍，达到厂家要求标准④	×牌家丽安乳胶漆⑤产地：中国/广州
石膏线安装及油漆	平方米	5	9	45	刷胶一遍，快粘粉黏接⑥ 面层处理，乳胶漆另计⑦	成品石膏线⑧
门及门套	樘	1500	1	1500	安装门、门套及门锁⑨	成品××牌门及门套 ××牌门锁⑩

报价单详解：

① 基层处理需写清楚具体的做法，包括是否铲除墙皮、刮腻子的次数等。

② 腻子的用量较多并直接关系到环保指数，虽属于辅材，但材料的品牌和产地也建议标注清楚。

③ 胶是家居装修的重点污染源，虽然也属于辅材，也建议标明品牌和产地。

④ 乳胶漆都是分底漆和面漆的，两者有着本质区别。有很多装饰公司为了节省资金和施工费用，都不涂刷底漆，这点应尤其注意。

⑤ 使用某一品牌的乳胶漆时，应详细注明所用的乳胶漆属于该品牌的哪个系列以及其产地，同品牌之间的不同系列差价也非常大。

⑥ 石膏线施工应写清楚施工步骤，快粘粉用量少且基本没有区别，无需注明品牌。

⑦ 石膏线的面层为了刷漆方便应进行打磨处理，乳胶漆的价格是否包含在内也应注明，避免工程量重叠。

⑧ 石膏线的品质和价格差别不是很大，可以不注明品牌和产地。

⑨ 门和门套通常是采取定制形式制作的，由厂家安装，如果是全包形式，这部分费用应体现在报价中；若为清包和半包，则无需体现。

⑩ 所使用门、门锁的品牌应详细注明，有助于业主核对是否与自己的需求一致。

5. 报价单特别注意事项

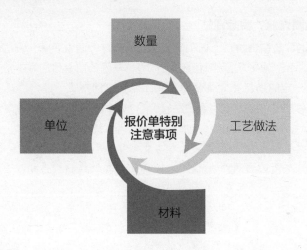

（1）单位

单位需要明确，例如涂刷墙漆、铺设地砖等多按照平方米来计价。而如果有木工柜，则有的按照平方米，有的按照项来收费，平方米多为展开面积而不是平面面积。这些需要注意，如果不清晰应询问清楚。

（2）数量

最好根据自己测量的面积再计算一下，如果遇到了无良的装饰公司，很可能会在上面多加数量，但如铺砖和地板类的工程，是有 5% 左右的报废率计算在内的。

（3）工艺做法

重点检查是否与自己的要求、行业标准或材料说明一致，例如如果原墙有墙皮，需要铲除时是否包含在内。

（4）材料

现代人装修都很注重环保，如果材料是环保达标的，那么有害物处理起来就会容易许多，所以以材料方面要严格核查品牌是否与自己要求的一致。需要特别注意的是电料，例如电线，如指明使用 ×× 牌、2.5 平方毫米的实心线、生产日期需在半年之内等；若为全包，除了电料外，瓷砖也应特别注明其规格、产地、系列、名称，如果可以请附上样本或照片，这样不容易被掉包。

6. 常见报价方法

（1）全面调查，实际评估

对所处的建筑装饰材料市场和施工劳务市场进行调查了解，制订出材料价格与人工价格之和，再对实际工程量进行估算，从而算出装修的基本价，以此为基础，再计入一定的损耗和装修公司利润即可。这种方式，综合损耗一般设定在5%~7%，装修公司的利润可设在基础价的10%左右。

例如 业主要装修三室两厅两卫约120平方米建筑面积的住宅，按中等装修标准，所需材料费为5000元左右，人工费12000元左右，那么综合损耗为4300元左右，装修公司的利润约为6200元。以上四组数据相加，可以得出估算价格约72000元。

> **要点：** 这种方法比较普遍，对于业主而言测算简单，容易理解，可通过对市场考察和向周边有过装修经验的人咨询了解相关价格。然而该法报价根据不同装修方式、不同材料品牌、不同程度的装饰细节，而有不同差异，不能一概而论。

（2）了解同档次房屋的装修价格

对于同等档次已完成的居室装修费用进行调查，将获取到的总价除以建筑面积，所得到的综合造价再乘以即将装修的建筑面积。

例如 新房中高档居室装修的每平方米综合造价为1000元，那么可推知，三室两厅两卫约120平方米建筑面积的住宅的装修总费用约在120000元。

> **要点：** 这种方法可比性很强，不少装修公司在宣传单上印制了多种装修档次价格，都以这种方法按每平方米计量。比如经济型400元/平方米；舒适型600元/平方米等，业主在选择时应注意装饰工程中配套设施如五金配件、厨卫洁具、电器设备等是否包含，以免上当受骗。

（3）分项计算工程量

对所需装饰材料的市场价格进行了解，分项计算工程量，从而求出总的材料购置费，然后再计入人工费、工程管理费、计划利润、税金，最后所得即为总的装修费用。这种方法又称为预制成品核算，一般为装修公司内部的计算方法。

例如 下面运用该方法计算某衣柜的预算报价，该衣柜尺寸为 2200 毫米 ×2200 毫米 × 550 毫米，木芯板框架结构，内外均贴饰面板，背侧和边侧贴墙钉制，配饰五金拉手、滑轨，外涂聚酯清漆。

序号	材料名称	数量	单价（元）	总价（元）	备注
主材					
1	木芯板	6 块	80	480	知名品牌，AAA 级
2	九厘板	3 块	40	120	知名品牌，合资生产
3	外饰面板	2 块	30	60	黑胡桃科技板
4	内饰面板	4 块	30	120	红榉科技板
5	滑轮	6 对	8	48	合资生产品牌
6	铰链	14 个	1.5	20	合资生产品牌
7	拉手	11 个	2.8	30	合资生产品牌
	小计			878	
辅材					
8	20 毫米枪钉	1 盒	4	4	普通品牌
9	25 毫米枪钉	1 盒	4	4	普通品牌
10	聚酯清漆	7 平方米	0	100	知名品牌，亚光漆
11	20 毫米木线条	35 米	0.6	20	黑胡桃
12	其他	1 项	60	60	辅助材料
	小计			188	

序号	材料名称	数量	单价（元）	总价（元）	备注
人工					
（按平均每人每天 40 元计算，制作该衣柜需要 2 人工作 5 天，即人工费为 400 元）					
	工程直接费（主材＋辅材＋人工）		1466	1466	以上三项之和
	工程管理费			117	直接费 ×8%
	计划利润			73	直接费 ×5%
	税金			56	以上三项 ×3.4%
	工程总造价			1712	以上四项之和

预算说明：该衣柜的制作是家庭装饰装修的一个组成部分，没有在衣柜中计入运输费、力资费等综合费用；没有计入材料损耗。

7. 合理降低报价的方法

（1）采用实用性的设计来降低预算

如果发现预算报价超出预期太多，建议可以先从审核设计图纸开始来降低预算。仔细查看在符合自己所提需求的基础上，设计师是否有做一些没有实际作用而完全是装饰性的设计，例如过多的墙面造型、大面积的复杂吊顶等，这些装饰的造价都很高，特别是带有装饰线和暗藏灯带的跌级吊顶。如果不是别墅或层高过高的跃层，可以不做吊顶而改用石膏线做装饰，或做简单的局部吊顶、平面式吊顶，来降低预算。

（2）不一味追求贵的材料

在合理范围内选择材料，例如照明电线，国家规定是使用 2.5 平方毫米的，但实际上如果没有太多灯具的话 1.5 平方毫米的就足够用，可询问电工，在照明不超标时，报价单上若使用的是 2.5 平方毫米的就可以改成 1.5 平方毫米的，诸如此类，在合理范围内更改。

（3）同品牌比价

两家公司出具的报价单，在使用同品牌材料的情况下，如果其中一家比另一家贵很多，可以问清楚贵的原因，如果没有确切原因，这时候就可以对这一项进行砍价。

（4）地砖不要追求大尺寸

很多业主都喜欢大尺寸的地砖，实际上这是不必要的，地砖的大小应结合房间的开间和进深来选择。通常来说，不是特别长或宽的房间，用中等尺寸的地砖比例上更合适。大尺寸的地砖不仅造价高，而且工费和损耗也高。

（5）准确计算材料用量

要合理地计算材料的损耗，如果觉得一项价格过高，可以询问损耗的计算数量，而后跟品牌方核对，他们都比较有经验，超出太多可要求装饰公司降低。

（6）找寻可靠团购

当搬到新的小区后，很多业主会一起进行装修，这时候可以组团去对家具、洁具等进行砍价，以节省部分资金。需要注意的是，并不是所有的团购都是可靠的，最好是身边的或者有可靠来源的，团购的产品最好是品牌的，并且能保证售后服务的。

了解常见预算报价黑幕，减少不必要损失

如今大多数业主对装修市场并不了解，很多装修公司抓住业主的这一弱点，频频设置陷阱，造成业主不必要的经济损失。因此，对于普通业主来说，了解必要的装修预算常识是非常关键的，它可以让装修费用支出做到合情合理，最大限度地避免上当受骗。

1. 常见预算报价黑幕

（1）免费设计

在一些打着"设计不收费"招牌的装修公司，设计师都是先拿出一大堆平面图、效果图让顾客选择风格。然后再简单询问基本情况后，很快就从电脑里拿出一张"适合你房子要求"的设计效果图纸了。如果再想让他出个详细的设计图，设计师就要追加量房费，并声称在装修开始后可以折抵工程款，这就迫使业主不得不与该公司签约。

其实这些效果图只不过是他们搜集的一些常用户型的设计效果图，然后再稍加调整储备到电脑中。等客户来了之后就直接从电脑上根据客户家的户型调出一两张效果图来，根本没有任何设计。

此外，还有一些不规范的装修公司，由于公司内部本身就没有设计师，并不具有设计能力，被他们称为"设计师"的人根本不是专业设计人员，只是从业时间较长的施工人员。在他们看来，所谓的设计，不过就是在门上贴几条木线，或者铺铺地、刷刷墙。他们有一两张简单的、数字不准确的草图就开工操作，按业主的要求施工，说到哪做到哪。如此一来，他们喊"免收设计费"也就在情理之中了。

（2）低报价、猛增项

一些装修公司和施工队为招揽业务，在预算时将价格压至很低，甚至低于常理，以此诱惑业主签订合同。进入施工过程中，则又以各种名目增加费用。

例如 原定设计方案中，客厅只设置一盏主灯，也得到了业主的认可，而实际施工过程中，设计师或工人又说服业主增加灯具，表面上是为了客厅的装修效果，但实际上增加灯具就意味着要增加电线、穿线管、开关面板等一系列的材料及费用。

还有些装修公司通过打折促销来吸引业主的眼球，其实这也是基于一定的前提条件的，并带有很多附加条件。

例如 在签订合同前，装修公司可能会许诺七折的优惠，并要求客户交纳一定金额的定金，但在签订合同的过程中，装修公司会再给业主一个详细的活动内容，可能仅有部分项目可以享受七折，而高额的定金又不退还，让业主欲罢不能，只好签订合同，全算下来，得到的折扣并不如预先想到的那么诱人。

（3）模糊材料品牌及型号

利用业主对装饰材料不了解的弱点，在预算报价单上只说明优质合格材料，并没有明确指定品牌、规格及型号等，而其所列举的价格只能用于低端产品，如果客户发现质量不佳责令其更换，他们则提出加价。

例如 在原预算报价单上只是写明优质合资 PVC 扣板，但并没有指明品牌规格及生产厂商，在实际施工过程中，低品质的装饰材料很容易被业主发现，如果要求装修公司更换材料，装修公司则会提出要求，并声称成本太高，必须加价。而此时施工已进行一半，况且已经有了书面合同，使得业主不得不支付高额的费用。

（4）工程量做手脚

在计算施工面积时利用业主不了解损耗计率方式的弱点，任意增加施工面积数量，或者本应以平方米为单位的工程在报价单中却以米为单位出现，从而增加了施工费用。比如乳胶漆不扣除门窗洞口的面积，厨房、卫生间墙地砖按满铺计算，而贴的时候却只贴眼睛看得见的地方，至于橱柜背面就不贴了；有些还故意算错，多报工程量，待发现时以"预算员计算错误"应付了之。

例如 墙面乳胶漆涂饰，实测面积为 20 平方米，在预算报价单中却标明 25 平方米，多数业主不会为个别数字仔细复查，而平均每平方米 18 元的施工价格就给装修公司带来了 90 元的额外利润。

小贴士 **注意转换材料计量单位**

转换材料计量单位也是装修公司赚取利润最常用、最隐蔽的手法。通常市场上的材料价格都是按照一桶（一组）、一张等计量单位来出售的。而装修公司向业主出示的报价单，很多主材都是按照每平方米、每米来报价的，因此业主根本就不清楚究竟会用掉多少装修材料。

（5）材料以次充好

装修公司在报价单上所指明的品牌材料与现场施工所采用的材料完全不符，或者在客户验收材料时以优质材料充当门面，在傍晚收工时撤离现场。这种方式比较常见，是惯用伎俩。

例如 预算报价单上标明的是天然黑胡桃饰面板，每张 98 元，而在施工中所采用的却是 30 元左右的人造饰面板，外观一致，但经过长期使用后会发生褪色变质等问题；又如在预算报价单中标明的是国标优质昆仑牌电线，而实际施工中擅自使用非国标的劣质电线，等到业主发现时，所有电线已入墙入板，若执意验证，只有将装修好的部位全部拆除。

（6）拆项报价

拆项报价是指把一个项目拆成几个项目，单价下来了，总价却上去了。近年来，一些装修公司为招揽生意，把本来繁杂的预算项目重组为简单的条目，号称"套餐"报价，表面上为业主节约了时间和精力，实际上套餐报价华而不实，外强中干，该说明的不说明，笼统空洞，很多原则性问题都得不到体现。

（7）决算做手脚

有些装修公司在做预算时，往往将一些项目有意改为不常规的算法，这样使单价看上去很低。在决算时，这些本来单价很低的项目就会突然变得数量很大从而导致总价飙升。

例如 改电项目按米计算，本来是合理的，结算时这个米并不是按管的米数计算，而是按电线的长度进行计算。一根管里面往往会有数根电线，如此一来，总价就翻了数倍。

（8）虚增工程量和损耗

有些装修公司利用业主不懂行的弱点，钻一些计算规则的空子，从而增加工程量，达到获利的目的。

例如 在计算涂刷墙面乳胶漆时，没有将门窗面积扣除，或者将墙面长宽增加，都会导致装修预算的增加；一般一个空间的地面和墙面之比是 1∶2.4～1∶2.7，有些装修公司甚至报到 1∶3.8。

另外，按照以前的惯例，门窗面积按 50% 计入涂刷面积。其实目前很多家庭都包门窗套，门窗周边就不用涂刷了。但有些装修公司仍按照 50%，甚至按 100% 计入墙壁涂刷面积。一般业主在审查预算表的时候，都是关注单项的价格，至于实际的面积一般是大致估计，如果每项面积都稍微增加一些，单项价格又高，那么少则几百元，多则几千元就出去了。单项价格谈定了以后，一定要和装修公司或工头一起把单项的面积尺寸丈量一下，并记下来，落实到纸面上，并算清楚单项的总价格是多少，作为合同的附件，以免结算时就面积和尺寸的大小发生纠纷。

（9）降低工艺标准

业主一般对木工、瓦工、油漆工等这些"看得见、摸得着"的常规工程项目比较注意，监督得也严格些，但对于隐蔽工程和一些细节问题却知之甚少。如上下水改造、防水防漏工程、强电弱电改造、空调管道等工程做得如何，短期内很难看出来，也无法深究，不少施工人员常在此做文章。又如有些公司规定内墙要刷 3 遍墙漆，但施工队员只刷了 1 遍，表面上看不出有任何区别，但实际上却降低了工艺标准，暂时是看不出问题，时间一长，毛病就会暴露出来。

2. 绕开预算陷阱的要点

比较单价	通过参考预算表里面的人工价格和材料价格进行每个项目的材料和人工价格比较。对于不明白的项目可以问清楚，对于预算表里有的项目，装修公司没报的一定要问清楚，对装修公司预算表里没有的项目也要问清楚，免得装修公司以后逐渐加价，超过预算
去重	对于有些项目重复的地方审核清楚，比如找平，有的公司会把厨房找平算一项，之后再单独算一项找平。避免重复收费，尽量要审核清楚

续表

弄清工程数量	对于工程量一定要问清楚，比如防水处理，要弄清楚是哪些面积要做开封槽，40 米要弄清楚是哪 40 米，确认数量是否如此
主材、辅材分开	对于材料一定要主材和辅材分开报，并且每个材料的单价、品牌、规格、等级、用量都应要求装修公司说明清楚分开报价，同一项目材料用不同品牌和用量，总价也会不同
注明工艺	相同项目由于施工工艺和难度的不同，人工收费也不同，需要装修公司对不同项目进行注明，比如贴不同规格的瓷砖人工费也是不同的，铲墙铲除涂料层和铲除壁纸层也是不同的。还有墙面乳胶漆施工喷涂、滚涂、刷涂不同工艺效果不同，人工也不同，耗费的面漆用量也不同，这都牵涉到项目整个花费量。比如喷涂效果最好，但人工也比后两者每平方贵 1.5 元左右，后两者人工相同，而且相对省料，但效果不如前者
审核收费	对于某些项目外收费要合理辨析，比如机械磨损费就不应该有，管理费应该适当收取 5%~10%，材料损耗大概是 5%，税金是肯定要收取的
弄清计价单位	对不同项目工程量的报价单位要弄清楚，比如大理石就应该按照"平方米"报，而不是按照"米"来报，按米报总价就会增加，确保每个项目在报价单上的单位都合理
问清综合单价	对于笼统报价的项目要问清楚里面包括哪些内容
分清厂家与装修公司安装项目	对于有些产品是厂家包安装和运送上楼的，要从装修公司的人工费和运送费里面扣除，如吊顶、水管、橱柜、地板、门窗、壁纸等

省钱小秘籍

☑ 不要过分压价

过分压价会使施工队产生逆反心理，在装修材料和质量上大打折扣，结果是丢了西瓜捡了芝麻。俗话说得好"无利不起早"，这个道理其实每个人都知道。

☑ 多花时间看设计

看懂设计是避免掉进预算陷阱最重要的一步，而且重点是施工立面图。看不懂没关系，多问设计师，多和设计师沟通，最好能形成立体的整体感，也就是要明白每一个项目到底是怎么做的。千万不要说自己没有时间，如果不多花时间看设计的话，掉进预算陷阱的可能性就很大了。

☑ 要求出具工料明细表

要求装修公司出具工料明细表，即目前有些装修公司所倡导的二级精算预算表。在看懂了设计的基础上，检查装修公司开出的工料明细表，如果有多报、虚报是很容易查出来的。二级精算表可以很好地预防施工中偷料减料的问题。

☑ 合同要详细

签合同时应详细注明所用材料品牌、规格、价格、档次、用量、施工级别。对于这一点，业主千万不能怕麻烦，最好事先到市场上走几圈，多比较比较，然后再列出详细要求。可以说，如果这个时候怕麻烦的话，日后肯定会出更多的麻烦。

审慎签订装修合同，规避额外费用

不少装修合同陷阱不仅在数字和时间上做文章，还有很多关键的条款被故意遗漏。这些被遗漏的条款往往和工程的价格、质量、环保性能以及维修等事项有直接关系。为了确保自己的合法权益，业主在签订合同时，一定要谨慎。

1. 合同洽谈要点

工期约定

一般两居室 100 平方米的房间，简单装修工期在 35 天左右，装修公司为了保险，一般会把工期定到 45~50 天，如果着急入住，可以在签订合同时与设计师商榷此条款。

付款方式

装修款不宜一次性付清，最好能分成首期款、中期款和尾款等。

增减项目

装修过程中，很容易有增减项目，比如多做个柜子，多改几米水电路等，这些都要在完工时交纳费用。因此在追加时要经过双方书面同意，以免日后出现争议。

保修条款

　　装修的整个过程主要以手工现场制作为主，所以难免会有各种各样的质量问题。保修时间内如出了问题，装修公司是包工包料全权负责保修，还是只包工、不负责材料保修，或是有其他制约条款，这些都要在合同中写清楚。

水电费用

　　装修过程中，现场施工都会用到水、电、煤气等。一般到工程结束，水电费加起来是笔不小的数字，这笔费用应该由谁来支付，在合同中也应该标明。

按图施工

　　在合同上要写明严格按照签字认可的图纸施工，如果在细节尺寸上和设计图纸的不符合，可以要求返工。

监理和质检到场时间和次数

　　监理和质检每隔 2 天应该到场一次；设计也应该 3~5 天到场一次。这些在合同签署时也应标明。

小贴士　签合同时确认营业执照等信息

　　在签订合同前，建议查验一下对方的资质，例如有无工商营业执照、有无行业资质证书及其他相关证件，重点看一下有效期，必要时可以拍照存底。特别是熟人介绍的一类，不要因为不好意思而略过这些问题，"杀熟"是很常见的问题，要学会先礼后兵。

2. 确定合同内容

（1）一般情况，当合同中有下列条款时，业主基本可以考虑在合同上签字

☐ 合同中应写明甲乙双方协商后均认可的装修总价

☐ 工期（施工和竣工期）

☐ 质量标准

☐ 付款方式与时间（最好在合约上写清"保修期最少3个月，无施工质量问题，才付清最后一笔工程款，约为总装修款的20%"）

☐ 注明双方应提供的有关施工方面的条件

☐ 发生纠纷后的处理方法和违约责任

☐ 有非常详细的工程预算书（预算书应将厨房、卫浴间、客厅、卧室等部分的施工项目注明，数量也应准确，单价也要合理）

☐ 应有一份非常全面而又详细的施工图（其中包括平面布置图、顶面布置图、管线开关布置图、水路布置图、地面铺装图、家具式样图、门窗式样图）

☐ 应有一份与施工图相匹配的选材表（分项注明用料情况，例如墙面瓷砖，在表中应写明其品牌、生产厂家、规格、颜色、等级等）

☐ 对于不能表达清楚的部分材料，可进行封样处理

☐ 合同中应写有"施工中如发生变更合同内容及条款，应经双方认可，并再签字补充合同"的字样

（2）当合同中的下列条款含糊不清时，业主不能在合同上签字

☐ 装修公司没有工商营业执照

☐ 装修公司没有资质证书

☐ 合同报价单中遗漏某些硬装修的主材

☐ 合同报价单中某个单项的价格很低

☐ 合同报价单中材料计量单位模糊不清

☐ 施工工艺标注含糊不清

3. 合同签订重点

一个合格的装修合同应该包括以下因素：合同各方的名称、工程概况、双方各自的职责、工期、质量及验收、工程价款及结算、材料供应、安全生产和防火、违约责任、争议或纠纷处理、其他约定合同附件说明。

名称	简介
明晰合同主体	合同中应首先填写甲方、乙方名称和联系方式，很多公司只盖一个有公司名称的章，必须要求装饰公司将内容写满，核对后再签字。此外，还应注意签定合同装修公司名称是否与合同最后盖章的公司名称一致
确认书面文件齐全	经双方确认后的工程预算书、全套设计和施工图纸均为合同有效构成要件。业主与装修公司签订合同时一定要看清这三个文件是否齐全。另外，以上三项文件及支付费用的单据要妥善留存
明确双方权利义务	为保证工程顺利进行，装修合同中应该规定甲乙双方应尽的义务。装修过程中，难以避免出现客观因素影响施工进度，比如施工现场的安全问题、施工人员身体状况等，在合同中应逐一细化，让双方的责任归属更加明确
明确双方违约责任	合同中应该明确如果任何一方没有履行合同中约定的职责，应该承担怎样的责任和发生争议时的解决办法，防患于未然
明确监理责任	合同中规定了可以实行工程监理，作为工程监理人，其身份应该是独立于装修公司之外的。如果家装公司承诺为业主提供免费监理，应在合同中对装修工程的质量监督效果进行约定

4. 合同签订注意事项

（1）应附图纸和报价单

图纸尤其是 CAD 是非常重要的，主要包括平面尺寸图、平面家具布置图、地面主材铺设图、立面施工图、水电线路图、电源开关图、灯具配置图、吊顶设计图、橱柜图，复杂的部分还应有大样图，再加上前面提过的建材照片或样本，图纸上面应有详细的尺寸、使用材料和做法，而后报价单上的相应部位应与其做法一致。

（2）追加预算或发生变动需签字后再动工

有些时候在开始施工后可能会因为主观或客观因素使设计发生一些变动。但有时，如果遇到了无良公司，很可能会不经过业主的同意而擅自提高价格，为了避免这种情况，建议在合同中特别注明，追加项目需要书面签字确认同意后再开工，以保障自己的利益。

（3）多预留一些尾款

通常来说装饰公司在签订合同时是有一些尾款做抵押款项的，正常是 5%~10%，这些要靠与设计师协商，如果可能的情况下，建议尽量争取多一些尾款，超过 10% 会更有保障，直接涉及对方的利润，对方会更尽心一些。这部分款项，在合同中应注明"验收合格才支付"，检验标准就是图纸或报价单上的工法，或者之前有明确书面确认的施工要求。

（4）严格签订工期、保修期

合同上应注明开工日期和竣工日期，以及什么情况下可以顺延工期、什么情况下延续工期需要处罚等。还应注明保修期，如果洁具或炉具均为对方购买，还请对方不要忘记写清楚保修的位置和时间。

（5）写明处罚条款

对于并非合同中注明而出现的一些延期或其他情况，应列出处罚条款，通常来说是金钱上的处罚，例如延期一天扣除多少金额等，以防施工队同时赶工好几个工地而耽误自家的工程。

（6）防公司倒闭条款

如果是大公司发生这种事情的概率应该不高，应该谨慎提防的是一些小的公司，建议在合同中注明，可以将负责的设计师作为中间证人，一旦发生施工途中公司倒闭的情况，还可以请设计师负起责任予以解决。

5. 合同签订技巧

看清楚条款再签合同	关于家装合同，目前各个公司的合同文本大同小异。业主首先要做的是核实装修公司的名称、注册地址、营业执照、资质证书等档案资料，防止一些冒名公司和"游击队"假借正规公司名义与客户签订合同，欺骗消费者
双方材料供应	目前，很多工程都是采用装修公司提供辅料和工人，业主提供部分主材的做法进行。这样一来，在合同中就要明确双方供料的品种、规格、数量、供应时间以及供应地点等项目。材料验收要双方签字，材料验收单最好对材料的品种、规格、级别、数量等有关内容标注清楚。另外，验收的材料应与合同中规定的甲乙双方提供的材料相符
施工图纸	一项家装工程需要用到的施工图纸包括平面图、透视图、立面图和施工图，有的还需要电脑效果图。所以业主最好要求装修公司出示的施工图上要有详尽的尺寸和材料标示，设计责任要分清
奖惩条款	在家装过程中，由于各种原因造成的施工延误或工程质量问题，一定要在合同中有所体现，比如违约方的责任及处置办法；保修期和保修范围（一般免费保修期为一年，终身负责维修）。工程完工，验收合格后，双方要签订"工程结算单""工程保修单"

约定付款方式，
分期付款有保障

预算总金额确定后，在签订合同时还有一个重要事项就是约定付款的方式，通常来说都是分阶段来付款的，只是不同的装修公司支付比例略有不同，具体付款方式可以与设计师进行协商。分期付款的方式，可以保障业主的权益，也是高质量装修的前提保证。

开工预付款	中期进度款	后期进度款	竣工尾款

开工预付款是工程的启动资金，应该在水电工进场前交付。用于基层材料款和部分人工费，如木工板、水泥、砂子、电线、木条等材料费。

中期进度款在基层工程量基本完成、验收合格后，泥木工进场前支付，具体支付比例可以根据工程进度和质量高低决定。

后期进度款应该是在工程后期所交付的费用。主要是用于后期材料的补全及后期维修维护。

竣工尾款就是在工程尾段完成的时候所交给施工队的最后一笔款项。交完这笔款项后，整个装修付款流程结束。

付款方式

款项名称	支付时间	作用	占据比例
开工预付款	签订合同后开工之前	工程启动资金，用于购买前期工程所需要的材料包括电线、水管、砂子、水泥等，还包括改造部分的人工费用	30% 左右
中期进度款	改造等基础工程完成并验收后，木工开始前	购买木工板、饰面板等主材和辅料以及木工的人工费用。此部分款项若前期工程没有质量问题建议及时支付，避免耽误工期。如果数额比较大，也可与对方协商分 3 次左右支付	30%~50%
后期进度款	木工完成并验收合格，油漆工进场前	购买油漆使用的主料和辅料以及油漆工的人工费用	10%~30%
尾款	竣工并经检验没有任何质量问题后	属于质量保证金，如果有任何质量问题可根据合同条款扣除相应款项，剩余的再支付给对方	10% 左右

小贴士 验收合格后再支付下一步款项是关键

　　分阶段的付款有利于在每一个工种完工后分别进行检验，对于出现问题的部分能够及时让对方进行修改，所以验收是非常关键的，特别是隐蔽工程，包括水电改造、吊顶等，如果自己不了解验收标准，可以请专业公司陪同，避免在日后生活中出现问题后，再刨墙刨地进行维修，尤其是水电工程，严重的会危害人身安全。

鉴别增费项目，
避免意外开支

对于即将装修的业主来说，装修前的准备过程非常重要，一是要找准可靠的家装公司，要掌握一定的装修知识，才不至于被家装公司恶意增项。家装过程非常细致，而增项没有具体的标准，它只是在现有装修基础上增加的项目，因此辨别家装中哪些项目属于恶意增项，可以在很大程度上避免意外开支。

1. 装修中增项内容

分类	具体内容
正常的 工程增项	◆ 水电预收与水电实际走线结算之间的差额（水电走线前一定要重新放样和现场估算，估算结果与市价不应超过 10%）; ◆ 施工过程中发现的因房屋结构原因造成的方案变更或工艺变更造成的增项; ◆ 因房屋质量问题（如墙面砂灰质量过差另作处理，例如追加贴布处理）达成的临时性解决方法的费用
自己追加的 正常增项	◆ 如原本准备购买家具，但因满意工队的手工，决定改为现场制作造成的增项
不正常的 工程增项	◆ 开工之后施工队临时要求增加的收费项目（如：材料上楼费追加等）; ◆ 报价中有，但报价与图纸不符要求追加的项目（如：报价图纸中卧室衣柜是占满一面墙的，但施工队以报价中只报多少为由未做满，做满要求加价）

2. 增项产生的原因

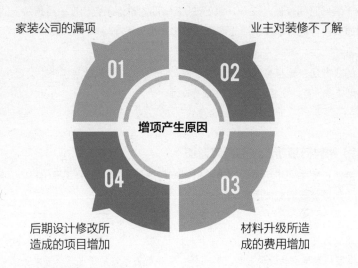

家装公司的漏项　01

业主对装修不了解　02

增项产生原因

后期设计修改所造成的项目增加　04

材料升级所造成的费用增加　03

（1）业主对装修不了解

业主对装修不了解，在前期很多东西都无法确定的情况下就草草签订合同，在后期开工以后发现有些东西是要做的，但是前期并没有约定好由谁来做，所以出现项目增加。

> **解决方法：**由于不是专业人士，对于装修不了解的情况是很正常的。但是，学习一些装修基础知识，多走访一些装修公司，多向朋友了解一下，并将各种琐碎问题整理、归纳、汇总，是可以在这方面上有所弥补的。

（2）家装公司的漏项

有些家装公司，为了降低报价，在做预算的时候，会故意把一些必须要做的项目不写进预算，在后期再进行预算增加。

> **解决方法：**出现漏项的情况，如果是家装公司故意的，则说明这个公司缺少业界良心；如果是无意的，则说明设计师做事粗心毛躁，装修交给这样的人，不会令人放心。因此，当发现恶意漏项情况，应该立即叫停合作。

（3）后期设计修改所造成的项目增加

由于装修时间较长，在 60~90 天的装修期内难保不会出现一点想法上的改变，所以对原有设计进行修改，造成预算的增加。

解决方法：这种情况属于常见现象，由于是业主自己的装修需求，因此和家装公司谈妥价格，令装修进程正常进行即可。

（4）材料升级所造成的费用增加

在装修过程中业主可能对原有的材料产生质疑，向家装公司提出材料升级，一般来说，都是需要增加费用的。

解决方法：目前，市场上常用材料的环保级别和质量大多都有保障，有部分业主在装修过程中在听说某种材料不好、某种材料更好的情况下会要求更换材料。但实际上在没有实际考察的情况下贸然更换材料的做法很没有必要，如果资金充足，应该前期就和家装公司讲清楚，免得在后期增加预算。

3. 避免产生装修增项的方法

事先了解装修环节	事先了解装修环节是避免出现恶意增项的第一个步骤。在进行家庭装修之前，建议业主先通过网络了解一下家庭装修的步骤和使用材料，以及经常出现增项的环节，这样可以为避免恶意增项做好基本的准备
多对比装修合同	如果亲朋好友或者同事刚刚装修完，那么可以通过借阅装修合同来更加具体地对比一下合同中的各种材料费用、施工费用、设计费用、管理费用等清单，通过简单的对比就能基本掌握装修中的支出项目，在签署自家合同时就能避免"故意缺项、漏项"现象的发生
选择品牌家装公司	品牌家装公司在管理与服务上大都具有一定的优势，所以建议没有足够装修经验的业主最好不要选择装修游击队提供家庭装修服务

第六章
家装人员选择准确，减省额外花销

在家庭装修中，免不了要与人打交道。在不同的环节，该与什么样的人员进行合作、沟通，以及找到这些人员的渠道，都决定了装修时的顺畅程度，以及是否可以节省下一部分预算。而设计师、施工队以及监理，是家装过程中与业主接触最多的人，也决定了家居装修的好坏。因此，要想做到省钱装修，一定要找对人、找准人。

选对设计师，
掌控基础更省钱

想要找到既能了解需求，又有扎实的能力，既实惠又服务完善的设计师并不是容易的事情。如果找到合适的设计师，不仅能将空间设计得符合自己的心意，还能将不完善的空间格局做整改。因此，找到一个合适的设计师，能够打好坚实的基础，使家装进程能进展得更顺畅、更有保障。

1. 找到合适设计师的渠道

渠道	概述	优点	缺点
亲友、同事推荐	装修前可以跟周围的亲友或同事打听一下，看谁近期在装修。请他们推荐设计师，并可以实地参观；看其设计的理念和效果是否符合自己的想法。如果符合，可以向亲友或同事了解一下设计师的施工品质、收费标准及售后服务等问题	因为有身边人亲身体验过，所以较值得信赖	若设计师是自己的亲友，有问题不容易进行反映
装修类报纸杂志	要了解室内设计师，就一定要看他的作品。可以通过相关书籍、杂志多关注心仪设计师所设计的作品，充分了解后再作决定	看得到设计师的作品及设计理念，可以从中作判断	杂志上的照片多经过美化；收纳做得好不好，比较不容易辨别
中介、承包商介绍	中介公司和装修公司常会有配套的设计师，可以请他们介绍。最好自己亲自参观所介绍设计师装修过的房子，实地考察设计师的作品与口碑	较为省事、省时	因为会收取佣金，因此很难客观介绍

续表

渠道	概述	优点	缺点
实品、样品房参观	若买的是现房，多半有实品房和样板房可以参观。有些房地产商会一次装修多套房子，让业主连装修一起买，因为是一次装修多户，装修费用会比较便宜，但不一定能符合业主的实际需求	对空间格局比较了解，且装修费用较为便宜	风格不能自主选择，且施工品质需要经过确认
网络搜索	网络的兴起让业主可以更便捷地看到设计师的作品，而且一次可以看很多案例。有时候还可以直接与设计师互动，能进一步了解设计师的设计想法等	省时省力，不用到处奔波浪费精力	网络信息真假参半，真实度还要经过进一步地确认

小贴士 **如何鉴定优秀设计师**

① 看作品

可以查看设计师以前的个案和设计作品。观察他在不同的个案中采用的是什么手法及对每套设计方案的理解程度，以此了解这个设计师在专业技能上有多少内涵。

② 看职业素养

看设计师在与业主交谈时是否具备一定的礼仪，答应要做到的一些事情能否按时完成，以此来了解这个设计师是否具有一定的职业素养。

③ 听设计想法

听他对自家房屋空间使用及功能布置的想法，听他准备采用何种装修手法处理房子。要注意听设计师的分析是一时兴起还是有理有据。同时还要听设计师在进行思路阐述时能否将业主的功能性要求包含进去，如果设计师一味地阐述其自己的所谓设计风格、设计手法，而不能说出设计的道理所在，选择这样的设计师要慎重。

2. 不同等级设计公司设计师概况

（1）个人工作室

这样的工作室通常只有设计师一个人，最多有个助理，所以设计师从设计、施工、行政财务到客服都得要自己来。一般年轻设计师刚开始创业都是以个人工作室起家，但也有些资深的设计师坚持以个人工作室模式服务业主，每年只固定接几个案例，以确保服务品质。

优 点	缺 点
若是刚进行创业的个人工作室，因为只有一个人，服务成本较低，所以在设计费及监工费用的收取上会有弹性 资历较深的个人设计师，设计水准比较高，沟通及设计上比较有优势	个人工作室的售后保障很难确定，很有可能人去楼空 资深设计师邀约可能相对比较困难，时间上很难对上，并且收费标准可能要更高一些

（2）专业设计工作室

这种设计公司最为多见，人数通常在 5 人左右。受人力限制，接活量有限，通常设计是由主持设计师负责，后续可能由助理设计师负责。一般设计水平可能参差不齐，人员涉及内容比较复杂。

优 点	缺 点
收费有弹性，不过也视设计师个人知名度而定，有些知名度较高的设计师，没有一定的装修预算不承接。因为多由知名设计师负责设计，设计品质较高	若业务量超过运营能力，易造成工期拖延。并且由于大量从事设计工作，容易形成惯性思维，可能会出现风格雷同、设计元素相似的情况

（3）中小型装修公司

公司人数多在 5~20 人不等，人数越多的公司，部门的编制也较为完整，而且设计部门不会只有一位设计师。有的设计公司还会成立专门的客服部，专门处理售后服务的相关事宜。

优 点	缺 点
编制比较完善，人力资源也较为充足，不怕找不到人 因为接活量较多，成本相对较低，施工资源也相对较广	✍ 因为不止一位设计师或工务，若主持设计师或负责人管理不当，很容易发生品质参差不齐的状况 ✍ 费用收取标准可能会有所提高

（4）大型装修集团

不止一家设计公司，会按装修预算的不同而有不同的设计公司对接服务。部门编制完整，有统一的行政财务及客服，还有专门的采购单位，负责建材及家具、家饰的采购。

优 点	缺 点
资源多，人力也充足，设计风格也较为多元，任何问题都有专属部门解决，服务较为周到，经验也比较丰富	✍ 若主持设计师或负责人管理不当，则会出现品质较差的设计情况。同时有些品牌会出现店大欺客的问题

🔧 3. 设计师工作内容及收费方式

纯做空间设计

这类设计师的工作内容只包括对房屋进行设计，在了解业主需求和房屋状况后，进行设计和修改，对于后期的施工等内容不太涉及。

设计连同监工

这类设计师除了进行室内设计以外，还要承担监工的工作，随时关注设计施工的进展情况，有时可能也要帮助处理设计施工相关的问题。

设计、监工到验收

作几乎涵盖了整个家庭装修过程，从室内设计到施工监理、质量验收都包含在内，这类设计师应该是最让业主省心和省力的。

（1）纯做空间设计的设计师

设计师必须给业主所有的图纸，包含平面图、立体图及各项工程的施工图（水电管路图、吊顶图、柜体细部图、地面图、空调图等超过数十张的图）。此外，设计师还有义务帮业主跟工程公司或施工队解释图纸，若所画的图无法施工，也要协助修改解决。

> **付费方式：**通常只收设计费，在确定平面图后，就要开始签约付款，多半分2次付清。

（2）设计连同监工的设计师

这类设计师不光负责空间设计，还可以帮业主监工，所以设计师除了要出设计图及解说图外，还必须定时跟业主汇报工程进展情况（汇报时间由双方议定），并解决施工过程中所遇到的问题。

付费方式： 多为 2～3 次付清。

（3）从设计、监工到验收的设计师

业主与这类设计师合作最省心。他们不仅要出所有的设计图，还必须帮业主监工，并安排工程、确定工种及工时，连同材质的挑选、解决工程中的各种问题，完工后还要负责验收工作及日后的保修。保修期通常是一年，内容则依双方的合同约定。

付费方式： 签约付第一次费用，施工后再按工程进度收款，最后会有 10%～15% 的尾款留待验收完成时付清。

设计师的服务流程及工作内容

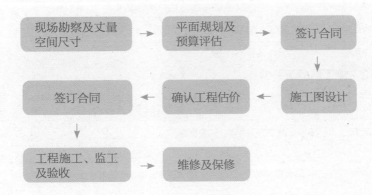

159

找准装修队，
把好质量第一关

施工队在整个房屋装修过程中起到举足轻重的作用，他们的素质和施工的水平直接和整个工程的质量相关。因此，选择合适的施工队很重要。可以说这几乎关乎着家庭装修的质量以及设计呈现的效果。对于装修业主们来说，找对装修队，可以为装修做好第一步。

1. 施工队所负责的家装项目

（1）施工队的承接项目

分类	分类细分
土建工程	砌砖、抹灰、钢筋制作绑扎、混凝土、模板等
装饰工程	新房装修、旧房改造等
防水工程	厨房、卫浴、房顶防水等

（2）施工队的工种介绍

分类	项目内容
瓦工	砌砖、抹灰、贴地砖、贴墙砖等
木工	铺木地板、木门（制作、安装、包门窗套、垭口）、安装吊柜、安装衣柜、安装橱柜、安装铝扣板顶、安装铝塑板顶、安装石膏板顶等
油工	刮腻子、刷油漆、贴壁纸、贴壁布等

类型	缺点
水暖工	水管道安装、水管道改造、暖气安装、暖气拆除等
水电工	水路、电路的设计、铺设、安装、改造等工程

2. 优秀施工队具备的条件

（1）要有合理的报价

公司要考虑消费、利润，施工队也要考虑工人的工资。不论选择什么档次的施工队，都要大致了解这个档次的报价情况，只要基本符合规律即可。

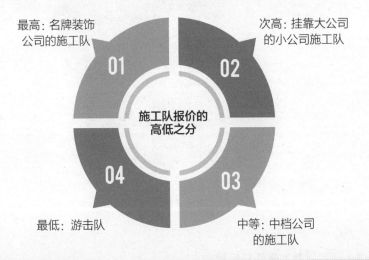

最高：名牌装饰公司的施工队 01

次高：挂靠大公司的小公司施工队 02

施工队报价的高低之分

最低：游击队 04

中等：中档公司的施工队 03

小贴士　与施工队签订合同，要把所有施工项目确定完整

在签订合同时一定要把所有施工项目确定完整，一旦丢项漏项，后期就会产生麻烦。在家装行业中容易被丢项的有六个方面：水电路改造、贴补处理、防水、地面找平、包立管、踢脚线。这几项往往施工方都不报总价，只是报单价，而工程量都是不定数，目的就是为了给后期加项打下基础。尤其是水电路改造只报单价，不报工程量，施工中就放开了手脚，任意绕线、重走线、报虚线的极多。因此，这些问题一定要提前说清楚，才能在施工过程中节省预算。

（2）现场应整齐规范

现场卫生体现了施工人员的基本素质。现场应该干净、卫生，没有烟头、垃圾。所有的装饰材料要分类码放整齐，施工现场最起码要放两个灭火器，作为防火安全的措施。施工人员不许现场食宿，由于赶进度业主特许的，不能明火做饭，要自带坐便，绝对不许在卫浴间使用马桶。对来现场看施工的业主，施工人员能主动地打招呼。

施工队现场主要看五个方面

（3）所用材料为优质环保材料

要看现场施工队所用的材料是不是优质环保的装饰材料。比如板材是不是无甲醛的，墙漆是不是名牌的油漆，是不是聚酯的等。也要看看施工方买的辅材，如看看辅材是否质量过关，是否质量、批次一致。

（4）所用工具应齐备

目前，电动化的施工工具逐渐增多，施工队中水、电、油、木、瓦这几个工种，每个工种都应具备各自常用的工具。如果施工队的工具可以达到下面表格中的标准，则证明这个施工队非常专业，没干几年以上的施工队，是不具备这种实力的。

工种	具备的工具
水工	打压器、融管器、管钳、涨口器、扳子、切管器、云石切割器等
电工	万能表、摇表、云石切割器、钳子、螺丝刀、改锥、电笔、三相测电仪、围管器、锡焊器等
油工	气泵、喷枪、排笔、辊子、搅拌器等
木工	电锯、电刨子、电钻、气泵、气钉枪、角尺、墨盒、测湿仪、靠尺、线缀、手刨、斧头、凿子等
瓦工	电锤、测平仪、大铲、橡胶锤、线缀、杠尺、靠尺、抹子、瓦刀、方尺等

（5）技术要纯熟

施工队的施工技术是最关键的一个指标。一个好的施工队已经具备了纯熟的技术。比如改电时，敷电线套管 1~1.5 米要有一个固定点；管与管相连接处要用管接加 PVC 胶；接线盒与接线盒之间的套管的拐弯处不许超过两个；套管的容量小于 60%，留有 40% 的空间保证所改动的电线能够置换；所使用的导线要分色等。

（6）对工程款不会逼得太紧

家庭装修的合同原本是非常公平的，但是从付款方式上来讲是保护装饰企业的，对业主非常不利。往往工程不到中期，业主就要付 95% 的工程款，后期就只能被施工队牵着鼻子走，因此业主要和施工方重新谈付款方式来充分保护自己的利益。如果是好的施工队，对自己的技术等方面都十分有把握，则不会在工程款的预付上太过纠缠。

挑选专业监理，
节省精力有保证

准备装修房子，可全家没有人懂装修门道。平日装修，找不到信任的人来监工。面对装修工程队的不同花样，唯有请装修监理才是保证装修质量的好办法。因此选择正确、专业的装修监理，才能让装修变得省钱又省力。

1. 装修监理的作用

保护业主的利益和合法权益	包括方面： ◆ 用最符合质量要求的装饰材料； ◆ 取得合理的价格； ◆ 得到周到热情的优质服务； ◆ 达到符合行业标准要求的装修质量
保护业主不被装修公司忽悠	适合人群： 对装修常识一知半解或不了解的业主
减少投诉纠纷	适合人群： 工作繁忙，长期出差，无暇顾及家中装修的业主
令业主省事省心	适合人群： 觉得装修过于麻烦，不想操心的业主

2. 装修监理的职责

（1）对进场原材料进行验收

检查进场的各种装修装饰材料品牌与规格与约定是否相符、质量是否合格。

（2）对施工工艺的控制

督促、检查施工单位，严格执行工程技术规范，按照设计图纸和施工工程内容及工艺做法说明进行施工。

（3）对施工工期的控制

在保证施工质量的前提下尽快完成工程施工任务，在工程提前完工时更应把好质量关。

（4）对工程质量的控制

负责施工质量的监督和检查，确保工程质量是家装监理的根本任务。

（5）协助业主进行工程竣工验收

家装监理作为业主的代表，在家装工程结束时，应协助业主做好竣工验收工作，并在竣工验收合格证书上签署意见，督促施工单位做好保修期间的工程保修工作。

监理的服务流程及工作内容

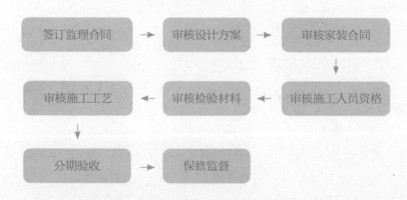

3. 装修监理的收费标准

（1）收费方式

家装监理是从工程建设监理中细化出来的，工装监理是有定额指导价的，但家装监理究竟该怎么收费，国家目前还没有给出明确的规定。在实际操作中，家装监理的收费标准都是参考公装来设置的。

收费方式	收费标准
按照建筑面积计费	一般 20~50 元 / 平方米，别墅的收费标准相对比较高
按照工程量来计费	一般按装修额的 4%~6% 收取监理费用，装修额较大，所提取的点数则会低一点，如工程合同金额在 10 万元以下，按 3%（不含 10 万元）收取；工程合同金额在 10~20 万元之间，按 2.5%（不含 20 万元）收取；工程合同金额在 20~50 万元之间，按 2%（含 20 万元）收取

（2）付费周期

在与家装监理企业签订了家装监理合同后，家装监理公司会尽快通过有关渠道落实家装施工企业，征得业主同意后与家装施工企业签订施工合同；如果业主已经落实好了家装施工企业，家装监理公司则应尽快协助业主与施工单位签订施工合同或对合同进行审查。施工和监理合同签订后，业主应按施工合同额付给家装监理公司 50% 的家装监理费，待工程量完成到 80%，应再付 30% 的监理费，工程验收完毕且符合合同规定则应全部付完。

小贴士 如何选到合适的监理

① **看公司规模**

公司规模很容易看出来，重要的是要看公司的经营范围里是不是有"监理咨询"这项服务。

② **试监理的水平**

选择之前要和监理进行沟通，可以聊一些该监理以往负责的项目，以及他是如何为业主服务的。有条件的话，可以把图纸、预算带过去，看看监理能不能作出一些客观评价。

③ **听业主的口碑**

如果身边有人找过监理，那他们的反馈是衡量监理好坏的标准之一。

④ **跟监理去现场**

跟监理到现场，看看他是如何与工人打交道的，同时工地施工质量的好坏，多少也反映了这个监理的水平。

第七章
家装建材选购谨慎，节约预算成本

材料是造成预算价格差的一个重要因素。在市场中，即使是同一种材料，产地不同、加工方式不同等诸多因素，也会造成价格的差距。了解常用建材的类型及其特点，不仅可以降低预算、节约资金，也能更好地利用装修材料打造出更实用美好的家居。

配合装修流程选购建材，控制节点有效省钱

在确定装修公司以后最主要的任务便是购买材料，装修材料的购买不能等到装修开始后才开始，那样可能会出现因为材料缺失而耽误工程进度的情况，所以可以配合装修流程提前一步购买材料。

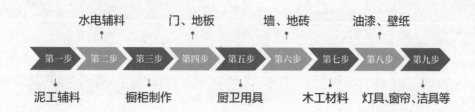

水电辅料　　门、地板　　墙、地砖　　油漆、壁纸

第一步　第二步　第三步　第四步　第五步　第六步　第七步　第八步　第九步

泥工辅料　　橱柜制作　　厨卫用具　　木工材料　灯具、窗帘、洁具等

🛠 1. 泥工辅料

时间节点：设计师、业主、施工人员进场交底。

施工项目：泥工按照施工图进行墙路划线，双方确认墙路线路分布无误。

购买材料：购买泥工辅料进场（水泥、河沙、零点石、钢筋、防水剂等）。

🛠 2. 水电辅料

时间节点：泥工基础砌墙完工后。

施工项目：水电工划线定位、开线槽。

购买材料：购买所需的水电辅料（电线、线管、水管、网络线、电话线、监

控线等）；在水电工开线槽期间，业主需要联系橱柜公司到现场确认橱柜的位置（如果橱柜是现场做石板，那么等石板进场再安排师傅量尺寸）。同时开始订购各类门（入户大门、房门、卫生间门、铝合金门、淋浴间玻璃门等）。

> **[小贴士]** 橱柜预订尽量提前
>
> 　　橱柜可早定或施工方进场三至五天前定购，因为橱柜水电图是由橱柜厂家出（定制类产品需要一个月左右的工期），设计师交付水电图到业主手中，这样就不会延误打线槽；烟机灶一般在定橱柜的时候就应该考虑，橱柜台面的开槽需要烟机灶的尺寸，厨房吊柜的尺寸也需要油烟机的尺寸配合。

3. 墙、地砖

　　时间节点： 水电工开线槽完工后（一般开线槽的时间为 2～3 天）。

　　施工项目： 布水电线路。

　　购买材料： 着手定购墙、地砖，同时联系石板厂家到现场量石板尺寸。

　　注意事项： 墙、地砖可早定或施工方进场三至五天前定购，一般泥水工大概在开工后的 10 天进驻，这个时候就需要墙、地砖进场了。

4. 卫浴间淋浴

　　时间节点： 卫生间防水工程完工后。

　　施工项目： 卫生间需要做隔断或者淋浴房。

　　购买材料： 隔断、淋浴房。

> **[小贴士]** 确定淋浴间地板材质后再施工
>
> 　　如果业主选购的是成品的淋浴间房，那么要先确定淋浴间的地板是贴砖还是贴石板，待卫生间全部完工后再进行淋浴间房的安装。

5. 木工材料

时间节点： 泥工前期改造完工后（一般在水电完工后 10 ~ 15 天内）。

施工项目： 吊顶工程或其他木工制作工程。

购买材料： 3×4 木条、膨胀螺丝、白乳胶、钢钉、铁钉、合板、生态板、饰面板等。

6. 木作家具配件

时间节点： 木工基础吊顶完成后。

施工项目： 木工开始制作家具（衣柜、电视柜、备餐台柜、展柜等一系列柜）。

购买材料： 配齐各类五金配件（衣通管、裤架、合页、铰链、格锁、拉手等）。

注意事项： 如果家具等一系列柜类是外购订制的话，那么业主预约厂家上门测量。此时如果入户内门、房门是实木房门，那么可以安排厂家来现场安装，同时房门五金配件配齐，如门锁、合页、拉手。

7. 木工材料

时间节点： 厨房吊顶完工后。

施工项目： 橱柜安装。

购买材料： 厨房三件套（抽油烟机、燃气炉、消毒碗柜）。

8. 油漆、壁纸

时间节点： 木工全部完工后。

施工项目： 油漆施工。

购买材料： 如果是选择贴墙纸可以在此时开始预定墙纸；此时油漆材料也要提前安排进场（复粉、108 胶水、熟胶粉、石膏粉、乳胶漆、家具漆等）。

9. 木工材料

时间节点： 油漆工第一遍底漆完工后。

施工项目： 安装套装门和门套。

购买材料：如果业主选购的是成品套装门，那么此时需要购买五金件（锁，合叶、拉手、门吸等）。

小贴士 门可提早预订

门可早定或施工方进场三至五天前定购，这是一个可长可短的主材配送，短的厂家可能半月即能送货，长的差不多穿越了大半个装修工期。也是延误工期的一个较致命环节。

10. 地板、灯具等

时间节点： 门安装好后。

施工项目： 油漆工在进行基层完全处理并待干后开始乳胶漆上漆（如果是全墙纸则通知油漆工进行墙纸基层处理）。

购买材料： 购买预定木地板、灯具、窗帘、挂件、洁具、开关面板等。

注意事项： 洁具可早定或施工方进场三至五天前定购，因为水电工进场多是需要清理现场，先做改排水，确定洁具的尺寸定位。蹲便器须在泥工开始贴砖之前送达现场，马桶可以先确定款式跟尺寸。

11. 窗、窗框

时间节点： 油漆工完工且清洁工进行第一次清洁后。

施工项目： 厨房及卫生间滑门、淋浴间房等由厂家上门安装。

购买材料： 联系防盗窗、隐形网、防蚊网等厂家到现场测量尺寸并着手制作。

12. 软装布艺

时间节点： 灯具和洁具安装完毕后。

施工项目： 木地板进场安装，木地板及防盗窗安装。

购买材料： 购买窗帘、家具、装饰摆件。

了解装修建材档次，
货比三家享最优价格

选建材是家庭装修中非常重要的一个环节，材料选用的正确与否不仅关系到最终的装修效果，而且是影响装修成本的一个重要因素。选择建材要先了解材料的档次划分，多对比才能选出物美价廉的产品。

1. 石材的等级划分

项目	一级品	二级品
平度偏差	不超过 0.6 毫米	不超过 1 毫米
角度偏差	不超过 0.6 毫米	不超过 0.8 毫米
棱角缺陷深度	不得超过石材厚度的 1/4	不得超过石材厚度的 1/2
裂纹	裂纹长度不得超过裂纹顺延方向总长度的 20%，距板边 60 毫米范围内不得有与边缘大致平行的裂纹	贯穿裂纹长度不得超过裂纹顺延方向总长度的 30%

2. 实木板材的等级划分

档次划分	概述
高档板材	美国红橡、红松、缅甸和泰国柚木等
中高档板材	水曲柳、柞木等
中档板材	橡胶木、柚木、榉木、西南桦等；以上中端木材中，马来西亚橡胶木最好
中低档板材	东北桦、椴木、香樟木、柏木、樟子松等
低档板材	南方松木、香衫等

3. 瓷砖的等级划分

瓷砖按国家标准规定的等级划分为两个级别：优等品和一级品。

优等品是最好的等级，一级品是指有轻微瑕疵的产品。

4. 壁纸的等级划分

档次划分	概述
一等壁纸	以美国、瑞典等国家的壁纸品牌为代表的纯纸及无纺壁纸。此类壁纸高度环保，使用寿命长，色彩、工艺堪称完美
二等壁纸	以荷兰、德国、英国为代表的低发泡和对版压花壁纸，其环保指数为国内的几倍甚至几十倍
三等壁纸	国产及韩国壁纸，主要以 PVC 材料为主

5. 实木地板的等级划分

档次划分	概述
优等品	板面无裂纹、虫眼、腐朽、弯曲、死结等缺陷
B 级板	板面有上述明显缺陷而降价处理的板块，只等同于国标规定的合格品等级
本色板	加工所用油漆采用"UV"淋漆工艺，漆色透明，能真实反映木材的本来面目
调色板	在油漆工艺中注入了特定的颜色，使木材真实质量、特性及所有缺陷难以确认

6. 涂料的等级划分

档次划分	概述
A 类原装进口涂料	采用欧美高标准原材料，因此产品在环保、调色、物理性能等各个方面都具备超凡的水平
B 类国际品牌国内生产的涂料	设备、工艺、质量较好，但广告投入大，广告费用在价格中所占比例较高
C 类国内品牌的涂料	主要集中生产油性聚酯漆、低价工业漆和工程用漆，通过回扣等手段在油工、工程等渠道销售

熟悉材料选购要点，避开质次价高产品节约预算

可以说材料的好坏能够决定住房的质量以及后期业主居住的舒适度。除了将采买的任务外包给装修公司以外，业主还应该掌握一些选购材料的常识和小技巧，能够在购买时避开低质量产品陷阱，节约预算。

1. 顶面材料选购要点

（1）纸面石膏板

① **定义**：以建筑石膏和护面纸为主要原料，掺加适量纤维、淀粉、促凝剂、发泡剂和水等制成的轻质建筑薄板。

② **特性**：轻质、防火、加工性能良好、施工方便，装饰效果好。

③ **用途**：除了用于顶面，还可用来制作非承重的隔墙。

④ **不同种类纸面石膏板的市场价格。**

名称	特点	价格
普通板	◆ 最经济和常见的品种，适用于无特殊要求的场所； ◆ 可塑性很强，易加工； ◆ 板块之间通过接缝处理可形成无缝对接； ◆ 面层非常容易装饰，且可与多种材料组合	30～105 元/张
防火板	◆ 采用不燃石膏芯混合了玻璃纤维及其他添加剂； ◆ 具有极佳的耐火性能	55～105 元/张
防水板	◆ 具有一定的防水性能，板吸水率为 5%； ◆ 防潮，适用于潮湿空间	55～105 元/张

名称	特点	价格
浮雕板	◆ 在石膏板表面进行压花处理而形成； ◆ 能令空间更加高大、立体； ◆ 可根据具体情况定制	85～135 元 / 张
穿孔板	◆ 以特制高强纸面石膏板为基板； ◆ 采用特殊工艺，表面粘压优质贴膜后穿孔而成； ◆ 施工简单快捷，无须二次装饰	40～105元/张

⑤ 选购要点。

看纸面

优质纸面石膏板的纸面轻且薄，强度高，表面光滑没有污渍，韧性好。

看石膏芯

高纯度的石膏芯主料为纯石膏，从外观看，好的石膏芯颜色发白；而劣质的石膏芯发黄，颜色暗淡。

看纸面粘接

用壁纸刀在石膏板的表面画一个"X"，在交叉的地方撕开表面，优质的纸层不会脱离石膏芯，而劣质的纸层可以撕下来，使石膏芯暴露出来。

04

看检测报告

检测报告分委托检验和抽样检测两种。委托检验的石膏板并不能保证全部板材的质量都是合格的。而抽样检验是不定期地对产品进行抽样检测，产品质量更有保证。

（2）铝扣板

① **定义**：以铝合金板材为基底，通过开料、剪角、模压成型而得到的，表面使用各种不同的涂层加工得到各种花样的产品，花纹样式比较丰富。

② **特性**：以板面花式、使用寿命、板面优势等代替了曾经使用量很大的 PVC 扣板。

③ **用途**：由于其具有防水、不渗水的特性，是卫浴、厨房吊顶的主要材料。

④ **不同种类铝扣板的市场价格。**

名称	特点	价格
覆膜板	◆ 无起皱、划伤、脱落、漏贴现象； ◆ 花纹种类多，色彩丰富； ◆ 耐气候性、耐腐蚀性、耐化学性强； ◆ 防紫外线，抗油烟，但易变色	45~60 元 / 平方米
滚涂板	◆ 表面均匀、光滑； ◆ 无漏涂、缩孔、划伤、脱落等； ◆ 耐高温性能佳，防紫外线； ◆ 耐酸碱、防腐蚀性强	55~150 元 / 平方米
拉丝板	◆ 平整度高，板材纯正； ◆ 有平面、双线、正点三种造型； ◆ 板面定型效果好，色泽光亮； ◆ 具有防腐、吸音、隔音性能	75~150 元 / 平方米
纳米技术方板	◆ 图层光滑细腻； ◆ 板面色彩均匀细腻、柔和亮丽； ◆ 刷油，易清洁，不易划伤变色	150~450 元 / 平方米
阳极氧化板	◆ 耐腐蚀性、耐磨性及硬度增强； ◆ 不吸尘、不沾油烟； ◆ 一次成型，尺寸精准、安装平整度更高； ◆ 使用寿命更长，20 年不掉色	180~500 元 / 平方米

⑤ 选购要点。

看韧度

01　　取一块样品反复掰折，劣质铝材折弯后不会恢复，优质铝材被折弯后能迅速恢复原状。

看覆膜

02　　覆膜铝扣板和滚涂铝扣板表面不好区别，但价格却有很大差别。可用打火机将板面熏黑，覆膜板上的黑渍容易被擦去而滚涂板无论怎么擦都会留下痕迹。

看铝材质地

03　　铝扣板质量好坏不全在于薄厚（家庭装修用厚度为 0.6 毫米的板已足够），而在于铝材质地。部分杂牌铝材表面多喷了一层涂料使厚度达标，用砂纸打磨便可辨别。

小贴士

① 厨房需先固定软管烟道后，再安装吊顶；卫浴间需要先安装浴霸和排风扇后再安装吊顶。

② 需提前明确灯具、浴霸等用具的尺寸和位置，以便确定吊灯开孔位置。

③ 切忌把排风扇、浴霸和灯具直接安装在扣板或龙骨上，建议直接加固在顶部，防止吊顶因负载过重而变形。

（3）PVC 扣板

① **定义**：是以聚氯乙烯树脂为基料，加入一定量助剂，经混炼、压延、真空吸塑等工艺制成的。

② **特性**：质量轻、防潮湿、隔热保温、不易燃烧、不吸尘、易清洁、可涂饰、易安装。

③ **用途**：特别适用于厨房、卫生间的吊顶装饰。

④ 不同种类 PVC 扣板的市场价格。

名称	特点	价格
木纹 PVC 扣板	◆ 表面有仿木纹图案，可以呈现原木纹路； ◆ 款式种类多样	20~35 元 / 平方米
印花 PVC 扣板	◆ 表面有印花，装饰效果精美； ◆ 安装简便，清洁方便	20~50 元 / 平方米
素色 PVC 扣板	◆ 通常以白色为主	15~25 元 / 平方米
双色 PVC 扣板	◆ 色彩艳丽丰富，装饰效果突出	25~60 元 / 平方米

⑤ 选购要点。

看外观

外表美观，表面有光泽，无划痕，板面平整光滑，无磕碰。

闻味道

闻闻板材，如带有强烈刺激性气味，则对身体有害，应选择无味安全的吊顶产品。

听声音

拿一块样品敲打几下，仔细倾听，声音脆的说明基材好，声音发闷说明杂质较多。

2. 地面材料

（1）地砖

① **定义**：多由黏土、石英砂等混合烧制而成，经上釉处理，起到装饰作用。

②**特性**：种类多样，花色繁多，除了可模仿石材的纹理和质感外，还有很多创新的花样，好的地砖不仅打理方便，使用寿命也很长。

③**用途**：地面铺设、装饰。

④ **不同地砖的市场价格。**

名称	特点	价格
玻化砖	◆ 瓷砖中最硬的一种，又被称作"地砖之王"； ◆ 吸水率较低，硬度较高，耐酸碱； ◆ 由于玻化砖经过打磨，毛气孔较大，易吸收灰尘和油烟，所以不适合用于厕所和厨房	50~500 元 / 平方米
仿石材砖	◆ 仿石材砖带有砖石的纹理； ◆ 没有天然石材的色差问题，物理性能高出天然石材很多； ◆ 细孔小，吸水率低，不容易污染，容易保养和清洁	150~520 元 / 平方米
仿古砖	◆ 仿古砖可以说是抛光砖和瓷片的合体； ◆ 通过样式、颜色、图案，营造出怀旧的氛围； ◆ 品种、花色较多，规格齐全，耐磨、防滑	75~550 元 / 平方米
马赛克	◆ 又称锦砖或纸皮砖，是墙面的通用材料； ◆ 款式多样，装饰效果突出； ◆ 常用的材料有玻璃、金属、陶瓷、贝壳、夜光等	90~2500 元 / 平方米
釉面砖	◆ 色彩图案丰富、规格多； ◆ 防渗，可无缝拼接、任意造型； ◆ 韧度非常好，基本不会发生断裂现象； ◆ 主要用于厨房、卫浴等空间的地面和墙面	40~500 元 / 平方米
全抛釉瓷砖	◆ 花纹出色，造型华丽，色彩丰富，富有层次感； ◆ 防污染能力较弱，表面材质薄，易刮花划伤，易变形； ◆ 客厅、卧室、书房、过道的墙地面都非常适合	120~450 元 / 平方米
木纹砖	◆ 表面有天然木材纹理装饰效果； ◆ 纹路逼真，自然朴实，线条明快，图案清晰； ◆ 没有木地板褪色、不耐磨等缺点，易保养	90~120 元 / 平方米
板岩砖	◆ 具有类似天然板岩的纹理，装饰效果非常粗犷； ◆ 颜色分布比天然板岩更均匀，硬度有所提高，不容易破裂； ◆ 耐磨损、耐酸碱，不怕清洁剂，可用在卫浴空间中	50~400 元 / 平方米

⑤ 选购要点。

01

看韧度

　　看砖体表面是否光泽亮丽、有无划痕、色斑、漏抛、漏磨、缺边、缺脚等缺陷。查看底胚商标标记，正规厂家生产的产品底胚上都有清晰的产品商标标记。

02

随机抽查检验质量

　　同款砖随机抽样不同包装箱中的产品，在地上试铺，站在 3 米之外仔细观察，检查产品色差是否明显，砖与砖之间缝隙是否平直、倒角是否均匀。

03

测试硬度

　　地砖的硬度是非常重要的，硬度高的产品抗划伤性能优越一些，在选购地砖时，可以拿一块样砖用利器在上面划，出现划痕的时间越迟的越耐用。

小贴士

　　① 根据设计图纸或者设计要求，找出地砖颜色、花纹等相近的试拼、编号，选出存在缺陷的地砖，及时与商家进行调换。

　　② 厨房和卫浴因为有水渍，需要安装地漏，所以地面应向地漏口倾斜，使水顺利排出；而其他空间基层应平整，才能减少地砖铺设后出现不平、空鼓等现象。

（2）实木地板及复合地板

① **定义**：建筑物地面的表层，由木板或其他地面材料做成。

② **特性**：美观、耐用，居住舒适天然，冬暖夏凉。

③ **用途**：质感温润、脚感舒适，比冷硬的瓷砖和大理石更温馨。

④ **不同种类实木地板的市场价格。**

名称	特点	价格
柚木地板	◆重量中等，不易变形，防水、很耐腐，稳定性好； ◆含有极重的油质，这种油质使之保持不变形，且带有一种特别的香味，能驱蛇、虫、鼠、蚁； ◆刨光面颜色通过光合作用氧化而形成金黄色，颜色会随时间的增长而更加美丽	≥ 800 元 / 平方米
樱桃木地板	◆色泽高雅，带有温暖的感觉，呈现出高贵感； ◆硬度低，强度中等； ◆稳定性好，耐久性高	≥ 800 元 / 平方米
黑胡桃地板	◆呈浅黑褐色带紫色，色泽较暗； ◆结构均匀，稳定性好，容易加工，强度大，结构细； ◆耐腐，耐磨，干缩率小	≥ 800 元 / 平方米
桃花芯木地板	◆木质坚硬、轻巧，结构坚固，易加工； ◆色泽温润、大气，木花纹绚丽、漂亮、变化丰富； ◆密度中等，稳定性高，干缩率小，强度适中	≥ 700 元 / 平方米
小叶相思木地板	◆木材细腻，密度高，呈黑褐色或巧克力色； ◆结构均匀，强度及抗冲击韧性好，很耐腐； ◆生长轮明显且自然，形成独特的自然纹理，高贵典雅； ◆稳定性好，韧性强，耐腐蚀，干缩率小	≥ 900 元 / 平方米
圆盘豆木地板	◆颜色比较深，分量重，密度大，抗击打能力强； ◆在中档实木地板中，稳定性能是比较好的； ◆脚感比较硬，不适合有老人或小孩的家庭使用； ◆使用寿命较长，相对来说保养也很简单	≥ 600 元 / 平方米

⑤ **不同种类复合地板的市场价格。**

名称	特点	价格
实木复合地板	◆耐磨、耐热、耐冲击，阻燃、防霉、防蛀，隔音、保温，不易变形，铺设方便； ◆种类丰富，适合多种风格的家居使用，但不适合潮湿的空间	150~320 元 / 平方米

续表

名称	特点	价格
强化地板	◆耐磨，安装简单，阻燃、耐污染、耐腐蚀能力强，抗压、抗冲击性能好； ◆款式、花色多样，不需要打蜡，日常护理简单	90~260元/平方米
软木地板	◆被称为是"地板的金字塔尖上的消费"，主要材质是橡树的树皮； ◆与实木地板相比更具环保性、隔音性，防潮效果更佳； ◆具有弹性和韧性，能够产生缓冲，降低摔倒后的伤害程度	300~1200元/平方米
竹地板	◆有竹子的天然纹理，清新文雅； ◆兼具有原木地板的自然美感和陶瓷地砖的坚固耐用； ◆耐磨、耐压、防潮、防火； ◆铺设后不开裂、不扭曲、不变形起拱	200~600元/平方米
超耐磨地板	◆低甲醛，好清理，易保养，防虫，环保； ◆不易有色差，拆卸容易、不会破坏原有地板； ◆与其他地板相比最大的特点是耐磨系数非常高，好打理，但是怕潮湿，不适合潮湿环境	170~350元/平方米

⑥ 选购要点。

检查基材的缺陷

　　看是否有死节、开裂、腐朽、霉变等缺陷；并查看地板的漆膜光洁度是否合格，有无气泡、漏漆等问题。

观测木地板的精度

　　木地板开箱后可取出10块左右徒手拼装，观察企口咬口，拼装间隙，相邻板间高度差。若严格合缝，手感无明显高度差即可。

03 确定合适的长度

实木地板并非越长越宽越好，建议选择中短长度的地板，不易变形；长度、宽度过大的木地板相对容易变形。

小贴士

① 地板应在施工后期铺设，不得交叉施工。铺设后应尽快打磨和涂装，以免弄脏地板或使地板受潮变形。

② 地板不宜铺得太紧，四周应留足够的伸缩缝，且不宜超宽铺设，如遇较宽的场合应分隔切断，再压铜条过渡。

③ 地板铺设前宜拆包堆放在铺设现场 1~2 天，使其适应环境，以免铺设后出现胀缩变形。

3. 墙面材料

（1）大理石

① **定义**：一切有各种颜色花纹的，用来做建筑装饰材料的石灰岩。

② **特性**：每一块大理石的纹理都是不同的，大理石纹理清晰、自然，光滑细腻，花色丰富，据不完全统计，大理石有几百个品种。

③ **用途**：非常适合用来做墙面装饰，能够渲染出华丽的氛围。

④ **不同种类大理石的市场价格。**

名称	特点	价格
金线米黄	◆石底色为米黄色，带有自然的金线纹路； ◆装饰效果出众，耐久性稍差	≥ 140 元 / 平方米
黑白根	◆黑色致密结构大理石，带有白色经络； ◆光泽度好，耐久性、抗冻性、耐磨性、硬度达国际标准	≥ 150 元 / 平方米

续表

名称	特点	价格
啡网	◆分为深色、浅色、金色等几种； ◆纹理强烈、明显，具有复古感，多产于土耳其	≥ 250 元 / 平方米
橘子玉	◆纹路清晰、平整度好，具有光泽； ◆装饰效果高档，非常适合用在背景墙上	1000~1500 元 / 平方米
爵士白	◆具有特殊的山水纹路，有着良好的装饰性能； ◆加工性、隔音性和隔热性良好，吸水率相对比较高	≥ 200 元 / 平方米
大花绿	◆板面呈深绿色，有白色条纹，色彩对比鲜明； ◆组织细密、坚实、耐风化，质地硬，密度大	≥ 300 元 / 平方米
波斯灰	◆色调柔和雅致，华贵大方，极具古典美与皇室风范； ◆石肌纹理流畅自然，结构色彩丰富，色泽清润细腻	≥ 400 元 / 平方米
蒂诺米黄	◆底色为褐黄色，带有明显层理纹、色彩柔和、温润； ◆表面层次强烈，纹理自然流畅，风格淡雅	≥ 400 元 / 平方米
银白龙	◆黑白分明，形态优美，高雅华贵； ◆花纹具有层次感和艺术感，有极高的欣赏价值	≥ 400 元 / 平方米
银狐	◆白底，带有不规则灰色纹理，花纹十分具有特点； ◆颜色淡雅，吸水性强	≥ 350 元 / 平方米

⑤ 选购要点。

看光泽度

优质大理石的抛光面应具有镜面一样的光泽；磨光花岗岩表面光亮，光泽度高。

听声音

用硬币敲击石材，声音较清脆的表示硬度高，内部密度也高；若是声音沉闷，就表示硬度低或内部有裂痕，品质较差。

看纹理

纹路均匀的石材具有细腻的质感，粗粒及不等粒结构的石材其外观效果较差，力学性能也不均匀，质量稍差。

小贴士

①大理石在安装前的防护一般可分为三种：6个面都浸泡防护药水；处理5个面，底层不处理；只处理表面。三种方式价格不同，可根据实际情况选择。

②花岗岩在室内施工多采用水泥砂浆施工，若用于卫浴等较潮湿的空间，建议在结构面先进行防水处理。

③天然板岩的细孔容易吸收水汽、油烟且不易挥发，所以不建议在厨房使用，如果一定要用的话可以选择黑色款式。

（2）木纹饰面板

① **定义**：将天然木材或科技木刨切成一定厚度的薄片，黏附于胶合板表面，然后热压而成的一种板材。

② **特性**：种类繁多，施工简单，作用广泛。

③ **用途**：不仅可用于装饰室内墙面砖石，还能用来装饰门窗或家具的表面。

④ **不同种类木纹饰面板的市场价格。**

名称	特点	价格
榉木	◆分为白榉和红榉，木质坚硬，强韧，耐磨耐腐耐冲击； ◆干燥后不易翘裂，透明漆涂装效果颇佳	≥ 100 元 / m²
胡桃木	◆常用的有黑胡桃、红胡桃等； ◆颜色由淡灰棕色到紫棕色，纹理粗而富有变化； ◆透明漆涂装后纹理色泽深沉稳重，更美观	≥ 150 元 / m²
樱桃木	◆纹理通直，纹理里有狭长的棕色髓斑，结构细腻； ◆装饰面板多为红樱桃木，带有温暖的感觉，合理使用可营造高贵气派的视觉效果	≥ 106 元 / m²

名称	特点	价格
柚木	◆包含柚木以及泰柚木两种，质地坚硬，细密耐久； ◆耐磨耐腐蚀，不易变形，涨缩率是木材中最小的一种； ◆含油量高，耐日晒，不易开裂	≥ 95 元 / m²
枫木	◆分为直纹、山纹、球纹、树榴等，花纹呈明显的水波纹，或呈细条纹； ◆乳白色，格调高雅，色泽淡雅均匀，硬度较高，涨缩率高，强度低	≥ 120 元 / m²
橡木	◆花纹类似于水曲柳，但有明显的针状或点状纹； ◆可分为直纹和山纹，山纹橡木饰面板具有比较鲜明的山形木纹； ◆纹理活泼、变化多，有良好的质感，质地坚实，使用年限长，档次较高	≥ 190 元 / m²
檀木	◆有沉檀、檀香、绿檀、紫檀、黑檀、红檀等几种； ◆其质地紧密坚硬、色彩绚丽多变，适用于比较华丽的风格	≥ 150 元 / m²
沙比利	◆可分为直纹、花纹、球形几种； ◆光泽度高，重量、弯曲强度、抗压强度、耐用性中等； ◆加工比较容易，上漆等表面处理的性能良好，特别适合复古风格的居室	≥ 1200 元 / m²
铁刀木	◆肌理致密，紫褐色深浅相交成纹，酷似鸡翅膀，因此又称为鸡翅木； ◆原产量少，木质纹理独具特色，因此比较珍贵	≥ 135 元 / m²
影木	◆常见的种类有红影和白影两种； ◆纹理十分有特点，90° 对拼时产生的花纹在柔和的光线下显得十分漂亮； ◆结构细且均匀，强度高	≥ 120 元 / m²
桦木	◆桦木饰面板年轮纹路略明显，纹理直且明显； ◆材质结构细腻而柔和光滑，质地较软或适中； ◆颜色为黄白色、褐色或红褐色； ◆花纹明晰，易干燥，要求室内湿度大	≥ 110 元 / m²

续表

名称	特点	价格
树瘤木	◆雀眼树瘤的纹理看似雀眼，与其他饰板搭配，有画龙点睛的效果； ◆玫瑰树瘤色泽鲜丽、图案独特，适用于点缀配色	≥ 130 元 / m²
麦哥利	◆木材呈浅褐红色，纹理统一性极强且其年轮变化多； ◆上清漆后光泽度佳，纹理直	≥ 105 元 / m²
榆木	◆纹理直长且通达清晰，有黄榆饰面板和紫榆饰面板之分； ◆刨面光滑，弦面花纹美丽，具有与鸡翅木一样的花纹； ◆密度大，木材硬，天然纹理优美	≥ 90 元 / m²

⑤ 选购要点。

01 观察贴面

看贴面（表皮）的厚薄程度，越厚性能越好。油漆后实木感越真纹理也越清晰，色泽也越鲜明。

02 看纹理

天然木质花纹，纹理图案自然变异性比较大、无规则。

03 看胶层

应无透胶现象和板面污染现象；无开胶现象，胶层结构稳定。要注意表面单板与基材之间、基材内部各层之间不能出现鼓包、分层现象。

04 闻味道

气味越大，说明污染物释放量越高，污染越厉害，危害性越大。

小贴士

①注意贴边皮的收缩问题，宜选用较厚的饰面板，在不影响施工的情况下，用较厚的皮板或较薄的夹板底板，避免产生变形。

②施工时要注意纹路上下要有正片式的结合，纹路的方向要一致，以免影响美观。

（3）壁纸、壁布

① **定义：** 用于裱糊房间内墙面的装饰性纸张或布。

② **特性：** 色彩多样、图案丰富、豪华气派、安全环保、施工方便、价格适宜；需要 3~5 年更换一次。

③ **用途：** 用于墙面装饰，能够迎合各种装修风格；保护墙面。

④ **不同种类壁纸的市场价格。**

名称	特点	价格
PVC 壁纸	◆使用 PVC 这种高分子聚合物作为材料，通过印花、压花等工艺生产制造的壁纸； ◆具有一定的防水性，表面污染后，可用干净的海绵或毛巾擦拭； ◆施工方便，耐久性强； ◆有较强的质感和较好的透气性，能够较好地抵御油脂和湿气的侵蚀，适合家居中的所有空间	100~400 元 / 平方米
无纺布壁纸	◆无纺布壁纸也叫无纺纸壁纸，是高档壁纸的一种，业界称其为"会呼吸的壁纸"； ◆主材为无纺布，又称不织布，由定向的或随机的纤维构成，抗拉性强； ◆容易分解，无毒，无刺激性，可循环再利用； ◆色彩丰富，款式多样； ◆透气性好，不发霉发黄，施工快； ◆防潮，透气，柔韧，质轻，不助燃	150~800 元 / 平方米

名称	特点	价格
纯纸壁纸	◆是一种全部用纸浆制成的壁纸； ◆剔除了传统壁纸 PVC 的化学成分，打印面纸采用高分子水性吸墨涂层； ◆颜色生动亮丽，色彩更加饱满； ◆透气性好，并且吸水吸潮、防紫外线； ◆耐擦洗性能比无纺布壁纸好很多，比较好打理	200~600 元 / 平方米
编织类壁纸	◆以草、麻、木、竹、藤、纸绳等天然材料为主要原料，由手工编织而成的高档壁纸； ◆透气，静音，无污染，具有天然感和质朴感； ◆不太容易打理，适合人流较少的空间； ◆不适合潮湿的环境，受潮后容易发霉	150~1200 元 / 平方米
木纤维壁纸	◆主要原料是木浆聚酯合成的纸浆； ◆绿色环保，透气性高； ◆易清洗，使用寿命长； ◆有相当卓越的抗拉伸、抗扯裂强度，抗拉伸强度是普通壁纸的 8~10 倍	1000~1500 元 / 平方米
金属壁纸	◆将金、银、铜、锡、铝等金属，经特殊处理后，制成薄片贴饰于壁纸表面制成的； ◆质感强，空间感强，典雅，高贵，华丽	50~1500 元 / 平方米
植绒壁纸	◆植绒壁纸的底纸是无纺纸、玻纤布，绒毛为尼龙毛和粘胶毛； ◆立体感比其他任何壁纸都要出色，绒面带来的图案使其表现效果非常独特； ◆有明显的丝绒质感和手感，质感清晰、手感细腻、不反光、无异味、不易褪色、牢固稳定； ◆具有极佳的消音、防火、耐磨特性； ◆相较 PVC 壁纸来说，有不易打理的特性，尤其是劣质的植绒壁纸，沾染污渍后很难清洗，所以应注重质量	200~800 元 / 平方米
无纺壁布	◆色彩鲜艳，表面光洁，有弹性； ◆有一定的透气性和防潮性，可擦洗而不褪色； ◆不易折断，材料不易老化，无刺激性	120~800 元 / 平方米

续表

	特点	价格
锦缎壁布	◆花纹艳丽多彩，质感光滑细腻； ◆不耐潮湿，不耐擦洗； ◆透气，吸音	300~1200 元 / 平方米
刺绣壁布	◆在无纺布底层上，用刺绣将图案呈现出来的一种墙布； ◆装饰效果极佳，质感好，档次高	350~1600 元 / 平方米
纯棉壁布	◆以纯棉布经过处理、印花、涂层而制作成； ◆表面容易起毛，不能擦洗，不适用于湿气较大的环境； ◆强度大，静电小，透气，吸音	100~1000 元 / 平方米
化纤壁布	◆以化纤布为基布，经树脂整理后印制花纹图案； ◆新颖美观，无毒无味； ◆透气性好，不易褪色，不耐擦洗	100~800 元 / 平方米
玻璃纤维壁布	◆以中碱玻璃纤维布为基材，表面涂以耐磨树脂，印上彩色图案而制成； ◆花色品种多，色彩鲜艳，但易断裂老化； ◆不易褪色，防火性能好，耐潮性强，可擦洗	90~400 元 / 平方米
编织壁布	◆天然纤维编织而成，主要有草织、麻织等； ◆其中以麻织壁布质感最朴拙，表面多不染色而呈现本来面貌； ◆草编多做染色处理	200~800 元 / 平方米

⑤ 选购要点。

检查外观

　　表面有无色差、死褶与气泡，最重要的是必须看清壁纸的对花是否准确，有无重印或者漏印的情况。此外，还可以用手感觉壁纸的厚度是否一致。

检查耐用性

用湿纸巾在墙纸表面擦拭，看是否有掉色情况；可用笔在墙纸表面划一下，再擦掉，看是否留有痕迹。

闻味道

在选购时可以简单地用鼻子闻一下，如果刺激性气味较重，证明含甲醛、氯乙烯等挥发性物质较多。还可以将小块墙纸浸泡在水中，一段时间后，闻一下是否有刺激性气味。

小贴士

① 基层处理非常重要，首先应除掉墙面上原有的涂料、壁纸或其他图层。若墙面上有裂缝、坑洞，用石膏粉对这些地方进行添补，平整后贴上绷带；若遇沙灰墙、隔墙，还要贴满玻璃丝布或的确良布。

② 测量墙顶到踢脚线的高度，然后裁剪壁纸。不对花壁纸依墙面高度加裁10厘米左右，作上下修边用；对花壁纸需要考虑图案的对称性，需要加裁10厘米以上，而且从上部起就应该对好花纹，规划好后裁剪、编号，以便按顺序粘贴。

（4）涂料

① **定义**：是涂覆在被保护或被装饰的物体表面，并能与被涂物形成牢固附着的连续薄膜，通常是以树脂、油或乳液为主，用有机溶剂或水配制而成的黏稠液体。

② **特性**：施工比较简单，效果简洁、大气，质感和色彩都很丰富，无论何种风格的家居都适用。

③ **用途**：现代家居中离不开的一种墙壁饰面材料。

④ **不同种类涂料的市场价格。**

名称	特点	价格
乳胶漆	◆无污染、无毒、无火灾隐患，易于涂刷、干燥迅速； ◆种类很多，适合各种风格的居室； ◆漆膜耐水、耐擦洗性好，色彩柔和	25~35元/平方米

名称	特点	价格
硅藻泥	◆原料为海底生成的无机化石，天然、健康、环保； ◆表面有天然孔隙，可吸收、释放湿气，调节室内湿度； ◆能过滤空气中的有害物，净化空气，可防火； ◆适合追求自然感的家居风格	170~550 元 / 平方米
灰泥涂料	◆原料为石灰岩和矿物质，无挥发物，具有高透气性； ◆有防霉抗菌的功能，可以平衡湿气； ◆可直接涂刷于水泥面层，无须批土，可 DIY 涂刷	17~25 元 / 平方米
墙衣	◆由木质纤维和天然纤维制作而成； ◆款式多，伸缩性和透气性佳，施工修补方便； ◆可以调节室内湿度，水溶性材质，清理较麻烦	17~50 元 / 平方米
艺术涂料	◆一种新型的墙面装饰材料，运用现代高科技工艺进行了处理； ◆表面带有凹凸纹路，色彩深浅不一，具有斑驳感； ◆不含甲醛，无毒，环保，具备防水、防尘、阻燃等功能； ◆无接缝，可反复擦洗，耐摩擦； ◆花纹比较少，但颜色历久弥新，适合追求自然感的家居风格	200~380 元 / 平方米
蛋白涂料	◆成分为白垩土和大理石粉等天然粉料，以蛋白胶为黏着剂； ◆可自然分解，无毒无味，加水调和，即可涂刷； ◆容易 DIY，喷水即可刮除，具有高透气性，不易返潮	15~35 元 / 平方米
仿岩涂料	◆水性环保涂料，成分为花岗岩粉末和亚克力树脂，花色较少； ◆表面有颗粒，类似天然石材，不易因光线照射而变色	40~60 元 / 平方米
甲壳素涂料	◆水性环保涂料，主要成分为蟹壳和虾壳，涂刷后表面为颗粒状； ◆可吸附室内的甲醛和臭味，具有抗菌、防霉的作用； ◆非长效，2~3 年需要重新涂刷一次	20~27 元 / 平方米

续表

名称	特点	价格
液体壁纸	◆是一种新型艺术涂料，也称壁纸漆，是集壁纸和乳胶漆特点于一身的环保水性涂料； ◆有浮雕、立体印花、肌理、植绒、感温变色、感光变色、长效感香等类型； ◆黏合剂为无毒、无害的有机胶体； ◆具有良好的防潮、抗菌性能，不易生虫、不易老化、光泽度好，款式多样，易清洗，不开裂	60~190 元 / 平方米
木器漆	◆是指用于木制品上的一类树脂漆，有硝基漆、聚酯漆、聚氨酯漆等，可分为水性和油性； ◆可使木制品表面更加光滑，避免木制品直接被硬物刮伤或产生划痕； ◆有效防止水分渗入木材内部，造成腐烂； ◆防止阳光直晒木质家具，造成干裂	15~38 元 / 平方米
金属漆	◆金属漆的漆膜坚韧、附着力强，耐腐蚀，具有极强的抗紫外线功能和高丰满度； ◆能全面提高涂层的使用寿命和自洁性； ◆耐磨性和耐高温性一般； ◆不仅可以广泛应用于经过处理的金属、木材等基材表面，还可以用于墙饰面、浮雕梁柱等异型饰面的装饰	15~65 元 / 平方米

⑤ 选购要点。

看保质期和环保检测报告

应特别注意生产日期和保质期并仔细查看环保检测报告。涂料的保质期为 1~5 年不等，环保检测报告对 VOC、游离甲醛以及重金属含量的检测结果都有标准，国标 VOC 每升不能超过 200 克，游离甲醛每千克不能超过 0.1 克。

查看样板

对于一些粉状的涂料，很难用肉眼来分辨质量的好坏，建议跟销售人员索要样板，查看一下。优质涂料肌理柔和、质感强，摸起来手感细腻、柔软、有弹性。

03

看色泽

无论是属于工程材料的乳胶漆还是天然的环保涂料，它们的色泽都应纯正、柔和。如果颜色过于鲜艳、刺眼，多数是添加了过多的化学颜料而导致的，有害物容易超标，不建议购买。

小贴士

①上涂料前，新房的墙面一般只需要用粗砂纸打磨，不需要把原漆层铲除。

②上涂料前，旧房的墙面需把原漆面铲除。可以用水先把表层喷湿，然后用泥刀或者电刨机把表层漆面铲除。

③对于已有严重漆面脱落情况的旧墙面，需把漆层铲除直至见到水泥或砖层；先用双飞粉和熟胶粉调拌打底批平，再用乳胶漆涂 2~3 遍，每遍之间间隔 24 小时。

（5）玻璃

① **定义**：主要成分是硅酸盐复盐，是一种无规则结构的非晶态固体。广泛应用于建筑物，用来隔风透光，属于混合物。

② **特性**：它们可以反射光线，模糊空间的虚实界限，增添细节美，使空间看上去更加开阔，更有艺术感，提升家居空间的品质。

③ **用途**：光线不足、房间低矮或者梁柱较多无法砸除的户型，使用一些壁面玻璃，可以加强视觉的纵深感，制造宽敞的视觉效果。

④ **不同种类玻璃的市场价格。**

名称	特点	价格
灰镜	◆适合搭配金属材料使用； ◆可以大面积使用，具有冷冽、都市的感觉	≥ 260 元 / 平方米
茶镜	◆具有温暖、复古的感觉； ◆色泽柔和、高雅	≥ 280 元 / 平方米

名称	特点	价格
黑镜	◆黑镜非常个性，色泽神秘、冷硬； ◆不建议单独大面积使用，可小面积使用，或搭配其他材质一起组合使用	≥ 280 元 / 平方米
烤漆玻璃	◆工艺手法多样，包括喷涂、滚涂、丝网印刷、淋涂等； ◆耐水性，耐酸碱性强； ◆使用环保涂料制作，环保、安全； ◆抗紫外线，抗颜色老化性强，色彩的选择范围广	≥ 300 元 / 平方米
彩绘玻璃	◆是用特殊颜料直接画在玻璃上，或者在玻璃上喷雕出各种图案再加上色彩制成的； ◆可逼真地复制原画，画膜附着力强，可进行擦洗	40~60 元 / 平方米
雕刻玻璃	◆在玻璃上雕刻各种图案和文字，最深可以雕入玻璃的 1/2 处； ◆分为通透的和不透两种类型； ◆立体感较强，工艺精湛	180~340 元 / 平方米
压花玻璃	◆又称花纹玻璃和滚花玻璃，表面有花纹图案，可透光，又能遮挡视线； ◆有优良的装饰效果，透明度因距离、花纹的不同而各异	190~350 元 / 平方米
镶嵌玻璃	◆是利用各种金属嵌条、中空玻璃密封胶等材料，将钢化玻璃、浮法玻璃和彩色玻璃经过一系列工艺制造成的高档艺术玻璃； ◆能美化家居空间，营造富有变化的空间，是装饰玻璃中最具变化的一种	3500~800 元 / 平方米

⑤ 选购要点。

看保质期和环保检测报告

01

应特别注意生产日期和保质期并仔细查看环保检测报告。保质期为 1~5 年不等，环保检测报告对 VOC（挥发性有机化合物）、游离甲醛以及重金属含量的检测结果都有标准，国标 VOC 每升不能超过 200 克，游离甲醛每千克不能超过 0.1 克。

02

查看样板

对于一些粉状的涂料，很难用肉眼来分辨质量的好坏，建议跟销售人员索要样板，查看一下，优质涂料肌理应柔和、质感强，摸起来手感细腻、柔软、有弹性。

03

看色泽

无论是属于工程材料的乳胶漆还是天然的环保涂料，它们的色泽都应纯正、柔和。如果颜色过于鲜艳、刺眼，多数是添加了过多的化学颜料而形成的，有害物容易超标，不建议购买。

小面积的玻璃可以采取胶粘的方式来固定，而当玻璃的面积较大、玻璃较重的时候，就需要采用一定的固定件将其安装在基层板上，以保证安装的效果和安全性。

（6）文化石

① **定义**：是一种以水泥掺砂石等材料，灌入磨具制成的人造石材。

② **特性**：质地轻，比重为天然石材的 1/4~ 1/3、经久耐用耐腐蚀、强度高、绿色环保；安装简单，费用仅为天然石材的 1/3。

③ **用途**：色泽、纹路能保持自然原始的风貌，加上色泽调配的变化，能将石材质感的内涵与艺术性充分展现。

④ **不同种类文化石的市场价格**。

名称	特点	价格
城堡石	◆外形仿照古时城堡外墙石头的形态和质感，排列多没有规则； ◆颜色深浅不一，多为棕色和黄色两种	≥ 200 元 / 平方米
层岩石	◆模仿岩石石片堆积形成的层片感，排列较规则； ◆有灰色、棕色、米白色等	≥ 200 元 / 平方米

续表

名称	特点	价格
仿砖石	◆仿照砖石的质感及样式； ◆颜色有红色、土黄色、暗红色等； ◆排列规律、有秩序，具有砖墙的效果	≥ 180 元 / 平方米
乱石	◆模仿天然毛石石片的质感，排列没有规则； ◆表面凹凸不平，多有沧桑感	≥ 300 元 / 平方米
鹅卵石	◆仿造鹅卵石的质感及样式，排列多没有规则； ◆有鹅卵石片和鹅卵石两种样式	≥ 200 元 / 平方米
转角石	◆用在转角处的文化石，分为仿砖和仿石材两种类型； ◆色彩较多，主要是用来搭配其他文化石使用的； ◆可以使有转角的地方过渡得更自然	≥ 180 元 / 平方米

⑤ 选购要点。

看纹路

　　质量好的文化石，表面的纹路比较明显，色彩对比度高。如果磨具使用时间过长，生产出来的文化石纹路就会不清晰。

查看硬度

　　硬度越高的文化石质量越好，可以取一块料，使劲往水泥地上摔，质量差的人造石会摔成粉碎性的很多小块，质量好的最多碎成三块。

注意渗透率

　　在文化石的背面滴一小滴墨水，墨水变化越小说明其质量越好，若墨水四处分散或渗透到内部，说明其结构松散或有裂缝。

①文化石施工时基层的处理非常重要。墙面需要弄成粗糙的面，这样做能够增加水泥的抓力，使文化石粘贴得更为牢固。

②文化石的拼贴方式可分为密贴和留缝两类。但并不是所有的款式都需要留缝，仿层岩石的文化石，适合以密贴的方式铺贴，且底浆不宜过厚。

4.门、窗

(1)门

门的种类包括了实木门、实木复合门、模压门、玻璃推拉门及折叠门几种，都是家居中比较常用的款式。门的使用频率很高，如果选择低价的门，使用时可能会面临变形、掉皮等诸多困扰，如果想在门上节约资金，不要只看价格，可以挑选造型比较简单但质量过硬的款式，比起质量相同但造型复杂的款式来说要便宜很多。

① 不同种类门的市场价格。

名称	特点	价格
实木门	◆实木门是指制作木门的材料取自森林的天然原木或者实木集成材； ◆所选用的多是名贵木材，经加工后的成品门具有不变形、耐腐蚀、无裂纹及隔热保温等特点	≥ 2500 元 / 樘
实木复合门	◆充分利用各种材质的优良特性，避免采用成本较高的珍贵木材，有效地降低了生产成本； ◆除了有良好的视觉效果外，还具有隔音、隔热、强度高、耐久性好等特点； ◆造型、色彩多样，适用于任何家居风格	≥ 1600 元 / 樘
模压门	◆价格低，具有防潮、膨胀系数小、抗变形的特性，不容易出现表面龟裂和氧化变色等现象； ◆门板内为空心，隔音效果相对实木门较差； ◆门身轻，没有手感，档次低	≥ 800 元 / 樘

续表

名称	特点	价格
玻璃推拉门	◆玻璃推拉门可以起到分隔空间、遮挡视线、适当隔音、增加私密性、增加空间使用弹性等作用； ◆在简约、现代风格的空间中较常见	≥ 200 元 / 平方米
折叠门	◆采用铝合金做框架，推拉方便，可以完全开敞或合拢，能够有效节省空间的使用面积	1000~3500 元 / 平方米

② 实木门选购要点。

01 用手摸

通过触摸感受实木门漆膜的丰满度，漆膜丰满说明油漆的质量好，对木材的封闭度高。

02 看外观

从门斜侧方的反光角度，看门表面的漆膜是否平整，有无橘皮现象，有无凸起的细小颗粒；看实木门表面的平整度，如果实木门表面平整度不够，说明选用的是比较廉价的板材。

③ 实木复合门选购要点。

01 注意细节

注意查看门扇内的填充物是否饱满；看门边刨修的木条与内框连接是否牢固，装饰面板与门框黏结应牢固，无翘边和裂缝。

02 观察外观

实木复合门板面应平整、洁净、无节疤、无虫眼、无裂纹及腐斑，木纹应清晰，纹理应美观。

④ 模压门选购要点。

01 用手摸

量好的模压门边角应均匀、无多余的角料、没有空隙，触摸表面不应有颗粒状的凹凸；可以用手指甲用力抠一下 PVC 膜与板材粘压的部分，做工好的模压门不会出现稍微一用力膜就被抠下来的现象。

02 检查胶水的环保性

使用的胶水一定要环保，不好的胶水容易造成模压门的膜皮起泡、脱落、卷边。

⑤ 玻璃推拉门和折叠门选购要点。

01 检查密封性

玻璃推拉门和折叠门的密封性很重要，检查时重点观察门关闭后四周和中间的密封是否严密。

02 查看底轮质量

只有具备超大承重能力的底轮才能保证良好的滑动效果和超常的使用寿命。承重能力较小的底轮只适合做一些尺寸较小且门板较薄的玻璃门。

小贴士

①门套装好后，应三维水平垂直，垂直度允许公差 ≤ 2 毫米，水平平直度公差 ≤ 1 毫米。

②门套与门扇间的缝隙，下缝为 6 毫米，其余三边为 2 毫米；所有缝隙允许公差 ≤ 0.5 毫米。门套、门线与地面结合处的缝隙应小于 3 毫米，并用防水密封胶封合缝隙。

（2）窗

家居中使用的窗主要包括百叶窗、气密窗和广角窗三种类型，其中百叶窗是用在内部的一种用来遮挡光线的窗，不能单独使用，外侧仍需要搭配建筑窗。气密窗和广角窗属于建筑窗，可以直接使用。选择时，可根据安装部位的宽度和建筑的结构挑选适合的类型。

① 不同种类门的市场价格

名称	特点	价格
百叶窗	◆百叶窗区比百叶帘宽，用于室内的遮阳、通风； ◆它以叶片的凹凸方向来阻挡外界的视线，采光的同时，阻挡了由上至下的外界视线； ◆既能够透光又能够保证室内的隐私性，开合方便； ◆很适合大面积的窗户	1000~3500 元 / 平方米
气密窗	◆气密窗具有很强的水密性、气密性及强度，能防止雨水侵入、隔音效果好； ◆气密窗的玻璃分为单层平板玻璃、胶合安全玻璃和双层玻璃三种，其中胶合玻璃的隔音效果最佳	1000~3500 元 / 平方米
广角窗	◆广角窗的造型多样，有六角窗、八角窗、三角窗等多边形，圆形窗也可列入其中； ◆能够扩展视野角度、采光佳； ◆气密性佳，隔音效果佳，具有很强的防盗功能	1000~3500 元 / 平方米

② 百叶窗选购要点。

用手摸

　　选购百叶窗时，先触摸一下百叶窗窗楞片是否平滑均匀，看看每一个叶片是否起毛边。

看平整度与均匀度

　　看看各个叶片之间的缝隙是否一致，叶片是否存在掉色、脱色或明显的色差。

③ 气密窗选购要点。

气密窗的质量好坏，很难直接看出来，可向厂家索要出厂证及试验报告来了解水密性、气密性等各项数值。同时要注意询问售后等相关问题，避免后顾之忧。

④ 广角窗选购要点。

在选择广角窗时，除了美观条件外，结构设计、表面处理、气密性、强度、双层玻璃、不锈钢、是否一体成型等都应注意。同时还应请厂家出具防雾保证书，目前最高可保 15 年。

（3）门五金

门的开合频率非常高，负责开合工作的主要是五金件，五金件虽然小但作用却不可忽视，这部分钱是不建议节省的，如果买了质量差的五金件，不仅面临总需要更换的烦恼，还容易发生危险，实际上更换多次便宜的五金件，价格可能还会高于一次购买优等五金件的价格。

① 不同种类门五金的市场价格。

名称	特点	价格
门锁	◆分为球形门锁、三杆式执手锁和插芯执手锁三种类型； ◆球形门锁造价低；可安装在木门、钢门、铝合金门及塑料门上； ◆三杆式执手锁制作工艺相对简单，造价低；适合安装在木门上，儿童、年长者使用特别方便； ◆插芯执手锁分为分体锁和连体锁，品相多样；产品材质较多；产品安全性较好，常用于入户门和房间门上	低档 30~50 元 / 个 中档 100~300 元 / 个 高档 300~1000 元 / 个
门把手	◆门把手可以分为圆头把手、水平把手和推拉式把手三种； ◆圆头门把手开关门时有声音，旋转式开门，价格最便宜，容易坏，不适合用在大门上； ◆水平门把手开门时有声音，下压式开门，造型比较多，价格因造型的复杂程度而不同； ◆推拉门把手开门有声音，向外平拉开门，带有内嵌式铰链，国内生产的价格较低，进口的较贵	低档 60~90 元 / 个 中档 300~600 元 / 个 高档 600~8000 元 / 个

续表

名称	特点	价格
门吸	◆门吸的主要作用是用于门的制动，防止其与墙体、家具发生碰撞而产生破坏，同时可以防止门被大的对流空气吹动而对门和相关部位造成伤害； ◆只要安装门的位置，都应安装门吸	≥5元/个

② 选购要点。

选大品牌

选择品牌产品。品牌产品从选材、设计到加工、质检都足够严格，生产的产品能够保证质量且有完善的售后服务，选择品牌产品是十分必要的。

选材质

市场上的五金可分为不锈钢、铜、锌合金、铁钢等。不锈钢的强度好、耐腐蚀性强、颜色经久不变，是最佳的造锁材料；铜比较通用，机械性能优越，价格也比较贵；高品质锌合金坚固耐磨，防腐蚀能力非常强容易成形，一般用来制造中档锁。

5. 橱柜

① **定义**：是指厨房中存放厨具以及做饭操作的平台。

② **特性**：特点是将橱柜与操作台以及厨房电器和各种功能部件有机地结合在一起，并按照消费者家中厨房结构、面积以及家庭成员的个性化需求，通过整体配置、整体设计、整体施工，最后形成成套产品。

③ **用途**：实现厨房工作每一道工序的整体协调，并营造出良好的家庭气氛。

④ **不同种类橱柜的市场价格。**

名称	特点	价格
实木橱柜	◆具有温暖的原木质感、纹理自然，名贵树种有升值潜力； ◆天然环保，坚固耐用，价格较昂贵； ◆养护麻烦，对使用环境的温度和湿度有要求	1800~4000元/米

续表

	特点	价格
烤漆橱柜	◆色泽鲜艳、易于造型，有很强的视觉冲击力； ◆防水性能极佳，抗污能力强，易清理； ◆怕磕碰和划痕	1500~2100 元 / 米

⑤ **不同种类橱柜台面的市场价格。**

名称	特点	价格
人造石台面	◆易打理，非常耐用，是市场中最常用的台面； ◆表面光滑细腻，有类似天然石材的质感； ◆耐磨、抗渗透、耐酸、耐高温、抗冲、抗压、抗折； ◆表面无孔隙、抗污力强，可任意长度无缝粘接； ◆使用年限长，表面磨损后可抛光	≥ 270 元 / 平方米
石英石台面	◆保留了石英结晶的底蕴，又具有天然石材的质感和美丽的表面光泽； ◆经久耐用，但是无法做无缝拼接； ◆台面的硬度很高，耐磨、不怕刮划、耐热好，不易断裂； ◆抗菌、抗污染性强，不易渗透污渍，可以在上面直接斩切	≥ 350 元 / 平方米
不锈钢台面	◆易于清洁，坚固，实用性较强； ◆抗菌再生能力最强，环保、无辐射； ◆不渗透，吸水率为零，因此台面上的油滴或其他污渍只需要轻轻擦拭就能去掉； ◆能够做到无缝拼接，可与不锈钢水槽焊接为一体，但台面各转角部位的结合缺乏合理、有效的处理手段； ◆不太适合管道多的厨房	≥ 200 元 / 平方米

⑥ **选购要点。**

看五金质量

　　橱柜的五金包括铰链和滑轨，它们的质量直接关系到橱柜的使用寿命和价格。较好的橱柜一般都使用进口的铰链和抽屉，购买时可以来回开关感受其顺滑程度和阻力。

查看封边

可以用手摸一下橱柜门板和箱体的封边，感受一下其是否顺直圆滑，侧光看箱体封边是否波浪起伏。建议选择四周全封边的款式，若封边不严密长期吸潮会膨胀变形，也会增加甲醛的释放量。

注意保修年限

保修年限能够从侧面反映出橱柜的质量，通常来说，质量好的橱柜保修期很长，有的甚至可以保修 10 年，可以多方比较一下，选择保修期长的品牌，一旦出现问题有人可以负责解决而避免麻烦。

> **小贴士**
>
> ① 壁柜的柜体既可以是墙体，也可以是夹层，但一定要做到顶部与底部水平，两侧垂直，如有误差，则高度差不大于 5 毫米。壁柜门的底轮可以通过调试系统弥补误差。
> ② 做柜体时需为轨道预留尺寸，上下轨道预留尺寸为折门 8 厘米、推拉门 10 厘米。
> ③ 柜体抽屉的位置：做三扇推拉门时应避开两门相交处；做两扇推拉门时应置于一扇门体一侧；做折叠门时抽屉距侧壁应有 17 厘米空隙。

6. 洁具

洁具的选择不能盲目，首先应确定卫浴间的尺寸，对各种洁具的分布和大概尺寸做到心中有数，而后再去挑选适合卫浴间风格的款式。做好这些准备可以避免因安装不上需要更换而产生更多的费用，浪费资金。

① **不同种类洁具的市场价格。**

		特点	价格
洁面盆	台上盆	◆面盆在台面上，安装方便，可在台面上放置物品； ◆款式较多，很多艺术盆都是台上盆	≥200 元/个

205

续表

名称		特点	价格
洁面盆	台下盆	◆ 台下盆易清洁，对安装要求较高，台面需预留位置； ◆ 台面预留的尺寸大小一定要与盆的大小相吻合，否则会影响美观	≥ 200 元 / 个
	立柱盆	◆ 立柱式洗面盆适合小卫生间使用； ◆ 具有较好的承托力，不会出现盆身下坠的情况； ◆ 造型优美，装饰效果佳，易清洗，通风性好	≥ 260 元 / 个
	壁挂盆	◆ 壁挂盆是一种非常节省空间的洗脸盆类型； ◆ 入墙式排水系统一般可考虑选择挂盆	≥ 170 元 / 个
坐便器	直冲式	◆ 存水面积较小，冲污效率高； ◆ 冲水声大，由于存水面较小，易出现结垢现象； ◆ 防臭功能也不如虹吸式坐便器，款式比较少	≥ 600 元 / 个
	虹吸式	◆ 冲水噪声小，容易冲掉黏附在坐便器表面的污物，种类多； ◆ 防臭效果优于直冲式坐便器，但比直冲式的费水； ◆ 排水管直径细，易堵塞	≥ 800 元 / 个
浴缸	亚克力浴缸	◆ 造型丰富，重量轻，表面光洁度好； ◆ 耐高温能力、耐压能力差，不耐磨、表面易老化	≥ 1500 元 / 个
	铸铁浴缸	◆ 铸铁浴缸采用铸铁制造，表面覆搪瓷； ◆ 重量非常大，使用时不易产生噪音； ◆ 经久耐用，注水噪声小，便于清洁	≥ 4000 元 / 个
	实木浴缸	◆ 保温性强，缸体较深，充分浸润身体； ◆ 需保养维护，干燥后会变形漏水	≥ 2000 元 / 个
	按摩浴缸	◆ 对人体能产生按摩作用，健身治疗、缓解压力	≥ 10000 元 / 个

② 选购要点。

看釉面

洁具大部分都是陶瓷制品，在挑选时要特别注意釉面的质量，釉面是否润滑，是否易结垢，结垢后是否易清洗，都是关键的问题。优质的釉面"蜂窝"极细小，润滑致密，不易脏。

测试致密性

可以用钥匙或者圆珠笔划釉面，用布擦拭看能不能擦掉划痕。不用任何辅助性的清洁剂就能擦掉的是质量好的。

测试坚固程度

可以通过手按、敲打、脚踩判断洁具的厚度和坚固度。尤其是浴缸，它的坚固度取决于材料的质量和厚度，目测是看不出来的，需要亲自试一试，可以站进去，感觉其是否下沉。

小贴士

① 壁挂式面盆由于特别依赖底端的支撑点，因此施工时务必注意螺钉是否牢固，以免影响面盆日后的稳定性。

② 如果坐便器买回来坑距不对，可以垫高一块地面再做导水槽及防水；亦可买个排水转换器配件连接。如果都不能解决，最好调换更新。

③ 浴缸装设时要考虑边墙的支撑度，若支撑度不够，则会使墙面产生裂缝，进而渗水。

7. 新型材料

（1）金属砖

① **定义**：是在坯体上施加金属釉后再经过高温烧制而成的一种新型瓷砖。

② **特性**：釉面一次烧成，强度高，耐磨性好，颜色稳定、亮丽，给人以强烈的视觉冲击感。

③ **用途**：可用于室内局部装饰，提高房屋装修的格调与品位。

④ **不同种类金属砖的市场价格。**

名称	特点	价格
不锈钢砖	◆ 具有金属质感和光泽； ◆ 多为银色、铜色、香槟色或黑色； ◆ 不宜大面积使用	500~800 元 / 平方米

名称	特点	价格
仿锈金属砖	◆ 仿金属锈斑效果； ◆ 常见黑色、红色和灰色底； ◆ 纹理清晰，手感舒适	500~700 元 / 平方米
花纹金属砖	◆ 表面有富立体感的花纹； ◆ 装饰效果强； ◆ 常见香槟色、银色与白金色； ◆ 质地坚韧、网纹淳朴	800~1000 元 / 平方米
立体金属砖	◆ 立体金属板效果； ◆ 表面有凹凸立体的花纹； ◆ 效果真实； ◆ 可替代全金属砖	≥ 1000 元 / 平方米

⑤ 选购要点。

01 听声音

　　夹住金属砖一角，轻轻垂下，用手指轻击砖体中下部，如声音清亮悦耳则为上品；如声音沉闷混浊则为下品。

02 看表面

　　品质好的金属砖无凹凸、鼓突、翘角等缺陷，边直面平，边长误差不超过 0.3 厘米，厚薄误差不超过 0.1 厘米。

03 试拼

　　将几块金属砖拼放在一起，在光线下仔细查看，好的产品色调基本一致。而差的产品色调深浅不一。

04 检查硬度

　　以残片棱角互相划，是硬、脆还是较软；有否留下划痕还是散落粉末。如为前者，该陶瓷砖即为上品，后者即下品。

① 贴铺前清理好地面，保证在一个水平面，拉接好横纵定位线，将金属砖浸泡1小时左右。

② 用木槌轻敲，按平地砖，要避免空鼓，并可根据地砖规格大小留3~8毫米缝隙。

③ 铺贴后宜用水泥填缝，并把地砖表面清理干净。

（2）木纹砖

① **定义**：是指表面具有天然木材纹理图案的装饰效果的陶瓷砖，分为釉面砖和劈开砖两种。

② **特性**：纹路逼真、自然朴实，相较于木地板拥有不褪色、耐磨、易保养等优点。

③ **用途**：常用于卧房里，替代木地板使用。

④ **不同种类木纹砖的市场价格。**

名称	特点	价格
白木纹砖	◆ 砖面纹理呈白色； ◆ 仿天然木纹效果，色调淡雅； ◆ 常用于客厅、餐厅或厨房	140 ~ 270 元 / 平方米
红木纹砖	◆ 仿红木样式，古朴自然； ◆ 耐划耐脏； ◆ 适合用在卧室	160 ~ 350 元 / 平方米
法国木纹砖	◆ 质地坚固，档次较高； ◆ 灰色底色，纹路平直； ◆ 适合用于中高档客餐厅空间	≥ 800 元 / 平方米
意大利木纹砖	◆ 表面纹理较粗； ◆ 适合用在墙面作为装饰	≥ 800 元 / 平方米

⑤ 选购要点。

01 **看纹理**

　　木纹砖的纹理重复越少越好。木纹砖是仿照实木纹理制成的，想要铺贴效果接近实木地板，则需要选择纹理重复少的，才会显得真实。

02 **测手感**

　　选购木纹砖不仅要用眼睛看，还需要用手触摸来感受面层的真实感。高端木纹砖表面有原木的凹凸质感，年轮、木眼等纹理细节刻画得入木三分。

03 **试排**

　　木纹砖与地板一样，单块的色彩和纹理并不能够保证与大面积铺贴完全一致，因此在选购时，可以先远距离观看产品有多少面是不重复的，再近距离观察设计面是否独特，而后将选定的产品大面积摆放一下感受铺贴效果是否符合预想的效果，再进行购买。

小贴士

　　① 房间面积小于 15 平方米时，建议由 600 毫米 × 600 毫米的砖加工成 150 毫米 × 600 毫米的砖；面积大于 15 平方米时，建议由 600 毫米 × 600 毫米的砖加工成 200 毫米 × 600 毫米的砖。

　　② 铺贴过程中，木纹砖的缝隙一般都在 3 毫米左右。深色木纹砖用浅灰色或者白色（白色不耐脏）填缝剂，浅色的木纹砖用咖啡色的填缝剂较好。

（3）仿岩涂料

① **定义**：是仿照岩石表面质感的涂料品种，是一种水性环保涂料。

② **特性**：强度较高、不易脱落、耐冲击、耐磨损，减少了水和化学品的使用，尽量降低了涂料对环境的污染。

③ **用途**：常用作墙面装饰使用。

④ **不同种类仿岩涂料的市场价格。**

名称	特点	价格
灰墁涂料	◆具有丰富的肌理、古朴的质感； ◆颗粒中等，有天然的韵味； ◆拥有厚浆型质感的涂料	40 元 / 平方米
仿花岗岩涂料	◆能直接地体现花岗岩的纹理效果与质感； ◆不易因紫外线照射而变色	50 元 / 平方米
撒哈拉涂料	◆颗粒较细，可选择的颜色较多； ◆可应用滚花、擦色、质感效果上色； ◆使用方法简单	50 元 / 平方米

⑤ 选购要点。

01 看包装

购买时要选择正规厂家或知名品牌。正规产品包装应足量，用力晃动包装无空洞感。

02 看外观

打开包装后，涂料颜色应纯正，质地较黏稠；应当无结块，黏稠度应当均匀。

03 看粒子度

取清水半杯，加入少许涂料搅拌，若杯中水清晰见底，粒子不会混合在一起的即为优质品。若杯中水浑浊不清，粒子颗粒大小呈现分化，则证明产品质量较差。

小贴士

仿岩涂料的面漆有不同的材质，亚克力的耐久性为 3~5 年，聚氨酯的耐久性为 5~7 年，矽利康的耐久性为 7~10 年，氟树脂的耐久性为 10~15 年，无机涂料的耐久性为 25~30 年。如果气候变化比较大或者在日照比较强烈的地区，建议选择耐久性强的面漆。

识别团购、网购陷阱，
警惕省钱变花钱

很多业主在购买建材的过程中，会选择团购的形式，这样可以节省下一笔资金。但是要注意的是，并不是所有的建材都适合团购，也不是所有的团购都能买到物美价廉的东西，因此要警惕商家利用打折的幌子骗钱，避免低价陷阱。

1. 适合团购的材料

	品种统一、用量大，使瓷砖和地板成为团购的重头。某些大品牌甚至专门成立团购销售部，提供深入小区的特别服务
厨卫设备	几万元的按摩浴缸、几千元的坐便器、几千元的橱柜，水龙头也要以千来计价，不团购很容易超支
灯具	选择综合性的大型灯具商场洽谈团购，这样既能享受低价，又有多种选择
家用电器	电器利润较薄，小批量购买厂家不会给好的折扣，唯有大型门户网站，才能够谈成优惠力度足够的团购

2. 避免团购建材陷阱

想要避免团购建材的陷阱，节省预算开支，要牢记以下几个要点：

① 不管是通过何种渠道团购，对购买的最终商品都要有足够的了解。要选择信

誉度高、售后服务可靠的商家。

② 购买大件商品要求当场签订合同书，明确双方责、权，以免对方找理由不履行口头承诺。

③ 选择本土、现场式的团购，避免邮购、代购等容易出现意外的方式。

3. 团购建材注意事项

（1）看清发票

注意发票上面的生产厂家和货号。此外，为防止被调包，一定要逐个拆箱验货。对业主而言，自带计算器及测量工具也是防止被欺骗的好办法。

（2）及时点数

像涂料这样以体积来定量的辅料，业主很难查验，因此建议最好选择知名品牌和正规厂家的产品。

（3）了解建材知识

在购买时，一定得要求销售者在收款凭据上特别注明材料的名称、等级、品牌，并索要质量责任单，如果有假，可凭此投诉。

（4）一次性购买

装修需要的建材集中一次买齐，能节省一笔不小的开支，售后服务也有保障。

4. 注意网购建材问题

① 在网上，人很容易产生非理性消费，从而导致在无形中增大开支。建材不是快速消费品，如果买错了不能扔，只能退换，这样不仅浪费时间也浪费金钱，所以网购时要冷静慎重。

② 在网上买建材时会出现价格便宜的特价品，但要注意这些特价品有可能是尾货。虽然尾货的质量不一定有问题，但如果追加购买时，可能会买不到。尤其是地板、瓷砖这类损耗大的建材，买时要考虑补货的问题。

③ 网购的产品售后服务可能会比较差，一般没有保修或没有包安装，发货时间也不准确。

学会计算材料用量，
减少浪费更节省

在装修过程中，业主常会遇到材料不够的情况。当施工进行到一半时，若材料不够不仅影响施工进度，而且也会因为临时购买而造成预算支出的增加。所以在购买材料前，业主要学会计算大致的材料用量，可以减少浪费，节约预算。

1. 水管用量

在改造厨房、卫生间的时候，布局的方式会直接影响到水管的用量，因此厨房、卫生间里的水路连接设备应该尽量集中在一面墙上，以方便施工、节约资金。在计算时，可以根据实际情况上下浮动30%。

计算公式：供水管的用量 = 施工间的周长 ×2.5

（供水管是指冷水与热水管的总长之和；施工间是指独立的厨房或卫生间）

2. 水泥河沙用量

水泥的用量等于铺贴面积乘以铺贴厚度乘以 0.25 除以 0.04，得出的结果就是水泥的袋数。而沙子的用量等于铺贴面积乘以铺贴层厚度乘以 0.75，得出的结果是沙子的立方数。按以上经验系数来计算，以铺贴 20m^2 的房间为例，铺贴高度按照 4cm 来算的话，此时水泥的用量就是 20×0.04×0.25÷0.04=5 袋；黄沙的用量就是 20×0.04÷0.75=0.6 立方。

3. 家装电线用量

首先要确定门口到各个功能区最远位置的距离 A，把上述距离 A 量出来后确定各功能区灯的数量以及各功能区插座的数量和各功能区大功率电器的数量。

计算公式：

①1.5毫米电线长度＝［（A+5米）×灯具总数］×2

②2.5毫米电线长度＝［（A+2米）×插座总数］×3

③4毫米电线长度＝［（A+2米）×大功率电器总数］×3

4. 实木地板用量

实木地板的施工方法主要有架铺、直铺和拼铺三种，但表面木地板数量的核算都相同，只需将木地板的总面积加上8%左右的损耗量即可。但对架铺地板，在核算时还应对架铺用的大木方条和铺基面层的细木工板进行计算。

计算公式：

①粗略的计算方法：使用地板块数＝房间面积÷地板面积×1.08

②精确的计算方法：使用地板块数＝（房间长度÷地板长度）×（房间宽度÷地板宽度）

5. 复合木地板用量

复合木地板在铺装中常会有3%~5%的损耗，如果以面积来计算，千万不要忽视这部分用量。复合木地板通常采用软性地板垫以增加弹性，减少噪音，其用量与地板面积大致相同。

计算公式：

①粗略的计算方法：使用地板块数＝房间面积÷0.228×1.05

②精确的计算方法：使用地板块数＝（房间长度÷地板长度）×（房间宽度÷地板宽度）

6. 地砖用量

根据户型不同，地砖质量不同，地砖的损耗率为1%~5%。地面地砖在核算时，考虑到切截损耗、搬运损耗，可加上3%左右的损耗量。

计算公式：

①地砖之间的拼缝每100平方米用量=100/［（块料长＋灰缝宽）×（块料宽＋灰缝宽）］×（1+损耗率）

②用砖数量＝（房间长度÷砖长）×（房间宽度÷砖宽）

7. 乳胶漆用量

涂料乳胶漆的包装基本分为 5 升和 15 升两种规格。以家庭中常用的 5 升容量为例，5 升的理论涂刷面积为两遍 35 平方米。以上只是理论涂刷量，因在施工过程中涂料要加入适量清水，所以以上用量只是最低涂刷量。

8. 墙纸

常见的墙纸规格为每卷长 10 米、宽 0.53 米。因为墙纸规格固定，因此在计算它的用量时，通常要以房间的实际高度减去踢角板以及顶线的高度。另外房间的门、窗面积也要在使用的分量数中减去。这种计算方法适用于素色或细碎花的墙纸。墙纸的拼贴中要考虑对花，图案越大，损耗越大，因此要比实际用量多买 10% 左右。

计算公式：

① 粗略的计算方法：墙纸的卷数 = 地面面积 ×3= 墙纸的总面积 ÷（0.53×10）

② 精确计算方法：墙纸的卷数 = 墙纸总长度 ÷ 房间实际高度 = 使用的分量数 ÷ 使用单位的分量数

9. 腻子胶、墙漆用量

现在的实际利用率一般在 80% 左右，厨房、卫生间一般是采用瓷砖、铝扣板的，该部分面积大多在 10 平方米。该计算方法得出的面积包括天花板，吊顶对墙漆的施工面积影响不是很大，可以不予考虑。

计算公式：

计算公式：墙漆施工面积 =（建筑面积 ×80% －10）×3

10. 木制油漆

5 千克油漆可以刷 60 平方米一遍，一般油漆都要刷 2 底 3 面，以上计算均为清漆，白漆和擦色漆涂刷面积要小于清漆。

计算公式：

计算公式：刷油漆面积 = 面板张数 ×3

第八章
施工项目掌握清晰，避免意外开销

家居装修施工流程根据现场的具体情况会有一些交叉和调整，但无论如何调整，这些工序流程都是不可替代的，而且相邻工序的衔接和配合一定要协调好。从某种意义上来说，控制住了装修施工流程，就是对装修质量的最大保证，也是对预算控制最好的保证。

提前规划拆除施工，避免错误拆除增加开支

由于人们对居住环境的要求是存在一些差异的，而建筑商在规划建筑时则是从建筑结构上来考虑的，所以难免会有一些拆改工程的发生。然而拆除不能胡乱地、盲目地进行，业主需要提前规划好后再动工，否则一旦拆除的位置不对，而拆除的资金已经支付出去，那还需要支付修补的钱。

1. 拆除施工内容

① **新房拆除**：不合理隔墙拆除；原有墙面涂料拆除。

② **旧房拆除**：不合理隔墙拆除，吊顶拆除，门窗拆除；原有水管、电线线路拆除；原有地砖、墙砖拆除。

2. 拆除施工流程

（1）墙体拆除

① **确定尺寸**。局部拆墙首先要确定尺寸，例如书柜的尺寸被定为 1.2 米，在不打墙之前为 1 米，需扩充 20 厘米。其他的部位可根据实际尺寸在墙面上画出来，方便接下来的施工。

② **拆墙先中、后上、最底**。敲打墙面时，先从中部开始，拆墙最先拆中部，这样不易把砖块锤散，可以在补墙的时候继续使用。正确的方式应该是戴防护眼镜，锤墙的时候会散落许多细小的砂石，易溅进眼睛内。

（2）窗体拆除

① **窗框架拆除**。窗扇拆卸下来后，就可以拆除窗框架了。一般首先需要用刀片把窗框内侧的密封胶等切开，窗如果是采用膨胀螺栓与墙体连接的，可直接用螺丝刀把膨胀螺栓取下；如果膨胀螺栓生锈，则可用冲击钻将其打碎；而如果是采用连接片连接的则可直接使用冲击钻；如果窗框难以取下，则需用钢锯将靠墙的框从中部锯开取下。

② **修复洞口**。门窗拆卸时，可能对门窗洞口造成一定的损坏，如果不进行处理，就不利于新门窗的安装。因此，门窗拆卸完之后，需要复核洞口尺寸是否正确，是否做到横平竖直，对不符合要求的洞口进行处理。

（3）木门拆除

3. 拆除施工常见问题

问题：拆除时如何分辨承重墙。

解决：除了可以查看建筑图纸外，也可以通过墙体厚度来辨别。承重墙的厚度通常在 24 厘米以上，非承重墙的厚度通常小于 10 厘米，有些甚至只有五六厘米。

4. 拆除项目预算

（1）拆除墙面涂料

由于墙面基底复杂，用材和工艺也不同，在进行墙面处理时应该区别对待。但是，对于原有施工一般的房屋，拆除原墙体表面附着物是装修中必须进行的一项工作，一般包括墙面原有乳胶漆和腻子层的铲除。

> 铲除墙面项目的人工费为 8~12 元 / 平方米

（2）拆除墙体

开发商所提供的户型一般都不能满足业主的个性化需求，这时就需要拆改室内空间的墙体，重新构建空间的格局，以满足业主的使用。但需要了解的是，不是所有的墙体都可拆除，如用于承受楼层重量的剪力墙便是不可拆除的。

> 拆除 12 厘米厚墙体的人工费为 35~55 元 / 平方米；拆除 24 厘米厚墙体的人工费为 55~70 元 / 平方米

（3）拆除门窗

若门窗已经无法保留需要拆除重做，在拆除门窗时一定要注意保护好房屋的结构不被破坏。尤其是对于房屋外轮廓上的门窗，此类门窗所在的墙一般都属于结构承重墙，原来装修做门窗时，通常会在门窗洞上方做一些加固措施，以此来保证墙体的整体强度。在拆除此类门窗时，必须要谨慎仔细，不可大范围地进行破坏拆除，否则一旦破坏了墙体的结构，会对房屋的安全性造成破坏，影响其使用寿命。

> 铲除门窗是按照项目计算的，如几个门、几套窗等，拆除的人工费为 400～800元/项

省钱小秘籍

✅ 集中拆除比较省钱

　　装修预算有限的话，建议尽量不要拆除。这是最基本的省钱方法。但如果因为格局问题需要进行拆除，那么最好做好完整的规划，避免重复施工，并且最好能集中施工，不要拆完一间浴室、贴完瓷砖后再来拆除厨房、改管线、贴瓷砖，这样物件的搬运次数及费用都会增加。

✅ 清洁修缮取代拆除才能省钱

　　旧房中会有许多老旧物，但旧物不一定是坏的，大多数是过时了或变脏了，业主可以通过清理或 DIY 进行改善利用。对于破损的物件，也可以通过修缮来进行改造。比如旧书柜、旧橱柜若仍能使用，只是风格不符，想改变风格，其实只要更换柜体门片就能有不一样的效果；如果房屋大门与喜欢的风格不符，重新上漆，就可以焕然一新，更可省下一大笔拆除与更换大门的装修支出。

✅ 旧房拆除预算不可少

　　想省钱不光是要控制开支，也要保证基础的施工不出问题，这样也是保证预算不超标的基础。旧房免不了破旧瓷砖、发霉墙面的更新而动用到拆除，这样以安全考量的基础工程，有需要就一定要做，省不得，否则日后出现问题不光花费得更多，也更难彻底解决。

细节上把控水路施工，选好管材发挥预算价值

在家庭装修中，水管最好走顶不走地，因为水管安装在地上，要承受瓷砖和人在上面行走的压力，随时可能被踩裂而造成返工，这样后期修缮的费用会更大。同时水路施工中，一般都采用 PPR 管（无规共聚聚丙烯管）管代替原有过时的铸铁、PVC 管材，千万不可为了省钱而选择劣质的 PVC、铸铁等管材，否则水管爆裂会需要更多支出去进行修理。

1. 水路施工条件与材料

施工条件：确认收房完毕、确定橱柜出水口位置、确定卫生间家电位置和规格。

施工材料：PPR 管，具有耐腐蚀、不结垢、施工和维修简便、使用寿命长等优点。

2. 水路施工流程

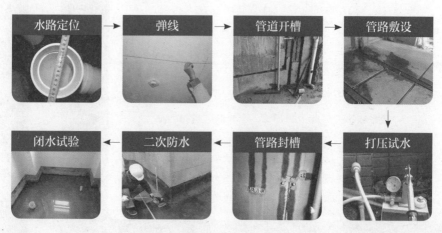

水路定位　→　弹线　→　管道开槽　→　管路敷设

闭水试验　←　二次防水　←　管路封槽　←　打压试水

（1）管路开槽

管路开槽是为了将管道掩藏在墙壁内，增加室内美感，是水路施工的重点工作。

要点： 开槽时应根据墙面或地面所弹线使用专用开槽机进行开槽，避免人工开槽。一般而言，管槽深度与宽度应不小于管材直径 20 毫米，若为两根管道，管槽的宽度要相应增加，一般单槽 4 厘米，双槽 10 厘米，深度为 3~4 厘米。

（2）二次防水

二次防水即在开发商所做的防水层上用水泥砂浆做 2~3 厘米高度的保护层，然后再做一次防水。二次防水是对一次防水的重要补充，相当于给住户加设一道防护网。

（3）闭水试验

闭水试验是二次防水之后至关重要的一个步骤，一般用于卫生间、厨房、阳台等地方，一般防水施工完成后 24 小时即可做闭水试验。

小贴士 闭水试验操作要点

首先把地漏和管道口周边进行暂时封堵，在房间门口做好 20~25 厘米高的挡水条。开始蓄水后，将水放至 5~20 厘米的深度，做好水位标记，在 24~48 小时后观察是否有明显的水位下降、墙面地面渗漏现象。

3. 水路施工常见问题

① **水路与电路未保持安全距离，造成漏电漏水现象。**

解决： 水路系统布局要合理，尽量避免交叉，严禁斜走。水路与电路的距离应保持在 500~1000 毫米。

② **冷热水管安装距离过近，引起水管破裂。**

解决： 明装管道单根冷水管道距墙表面应为 15~20 毫米，冷热水管安装应左热右冷，平行间距应不小于 200 毫米。明装热水管穿墙体时应设置套管，套管两端应与墙面持平。

4. 施工开槽预算

（1）卫生间排水管开槽

卫生间涉及的排水管中，马桶的排水管是最粗的，最好不要改动，否则容易发生堵塞问题。在各种排水管的地面开槽中，应保持一定的坡度，以水流可自然地流淌出去为标准。

卫生间地面的排水管开槽价格为 23 元／米；改动马桶的下水价格一般在 200 ～ 300 元之间。

（2）厨房排水管开槽

厨房排水管一种是隐藏在橱柜内侧的，不需要地面开槽，这样可以节省预算中的开槽支出；第二种是采用地面开槽隐藏排水管的办法，这样可以解放出橱柜内部的使用空间。

厨房地面的排水管开槽价格为 23 元／米。

（3）墙面冷水管开槽

在墙面勾画出需要连接冷水管的位置，然后使用开槽器开槽，在施工的过程中应保证冷水管的开槽横平竖直，无倾斜与弯曲的现象。

墙面的冷水管开槽的价格为 21 元／米。

（4）墙面热水管开槽

热水管的开槽工艺与要求是同冷水管的一样的，但在开槽过程中，应保证热水管与冷水管间保持 150 毫米的距离。

墙面的热水管开槽的价格为 21 元／米。

🏠 5. 水路施工的管材预算

（1）排水管选择 PVC 材质

排水管用于下水的排放，不像给水管一样需要承受给水时的压强带给管道的压力。因此排水管的材料质量不需要过高，而符合这一要求且最适合的就是 PVC 材质。PVC 排水管的造价低廉，同时有着良好的耐腐蚀性。

因管壁厚度及排水管直径的不同，PVC 排水管的市场价格为 11 ~ 16 元 / 件。

（2）给水管选择 PPR 材质

PPR 管是目前比较完美的水管，作为一种新型的水管材料，它既可以用作冷水管，也可以用作热水管。虽然 PPR 管的市场价格略高于 PVC 管，但其对给水管道的保护是明显的。

PPR 给水管的市场价格为 18~22 元 / 米。

（3）三通、弯头、管箍等管材连接件

水管的连接件包括管箍、变径、丝堵、截门、外丝、三通、弯头、活接头等。其中管箍、三通、弯头、活接头等需要用外丝的时候较多；变径用于粗管变细管或细管变粗管。因此，这类材料的质量尤为重要，预算中应选择质量好、价钱略高的连接件。

连接件的种类多样，材质主要分为铁及塑料两大类，市场价格在 10~50 元 / 个不等。

（4）吊顶水管的固定件选择不锈钢

吊顶水管的固定件材质一般有两种。一种是塑料材质，这类材料的市场价格低，可节省水路预算支出，但时间久了容易发生氧化及变形等问题；另一种是不锈钢材质，这类材料具备良好的牢固度，固定水管不易变形，不用担心时间久了会氧化的问题。

塑料材质的固定件，市场价格在 100~200 元 / 项；不锈钢材质的固定件，市场价格在 250~400 元 / 项。

225

🛠 6. 水路施工预算一览表

费用类型	项目名称	单位	单价 / 元	备注
材料费	45 度弯头	个	7~11	PPR 管配件
	90 度弯头	个	8~13	PPR 管配件
	乔管	个	19~23	PPR 管配件
	内丝弯头	个	45~50	PPR 管配件
	内丝三通	个	45~52	PPR 管配件
	三通	个	8~15	PPR 管配件
	25×3/4 内丝直接	个	60~65	PPR 管配件
	25×3/4 外丝直接	个	75~88	PPR 管配件
	快开阀配制及安装	个	150~165	PPR 管配件
	铁闷头	个	1~5	
	40PVC 下水管	米	18~22	
	40PVC 弯头	个	9~13	
	50PVC 下水管	米	22~28	
	50PVC 弯头	个	9~15	
	75PPR 管子	个	12~18	
	75PPR 三通	个	10~15	
	75×50 三通	个	10~15	
	110PVC 下水管	米	30~36	
	110PVC 弯头	个	19~24	
	地漏	个	4~10	
工费	排水管开槽	米	23	仅为开槽费用
	挪动排水口位置	项	200~300	包括人工费和材料费
	进水管开槽	米	18~23	墙面、地面的冷热进水管开槽，按照单管、单槽计价

✅ DIY 更换地漏

重做卫浴间和厨房时，地漏一般由负责贴砖的瓦工师傅安装；如果没有整修地板，想要更换地漏就得重新找水电师傅，但其实更换地漏并不困难，业主完全可以自己动手，不仅可以节约时间，也能省下一笔开支。

✅ 谈好价格再动工

通常来说，大多数施工方在施工完毕后才告诉你一根管穿两根线的价格和两个一管一线的价格一样。也就是说如果开槽埋管，里面一根线是 30 元／米，而同样开一个槽，里面同样只放一根管，只是管里有两根线，但价格却是 60 元／米了。显然这样的计费方法是不合理的，一根管穿两根线时，开槽和穿线管的成本都是一样的，只应该加上多的那根线的费用。所以，在动工前一定要和装修施工方商量清楚，这样无形中又能节省一笔开支。

✅ 节能节水排布

水路施工也能改造出节能工程，比如可以将鱼线埋在水管及储水槽中，再装个小马达就可以将洗衣机里的废水引流到冲水马桶中，二次利用不浪费，也能为日后的生活节省不少开支。

系统设计电路排布，
控制误差预防花费超支

电路施工定位就是在施工前明确一切用电设备的尺寸、安装高度及摆放位置，而后用粉笔在墙面、地面的相应位置画出标记，是非常重要的一步，直接影响后期工程的质量。如果想要少花钱，必须认真对待，可以减少管线走弯路而浪费材料的问题，可以减少因拆改而产生的人工费用。

1. 电路施工条件与材料

施工条件：确认用电设备尺寸与位置、画好相应标记。
施工材料：单股铜芯电线、穿线管、开关面板和插座。

2. 电路施工流程

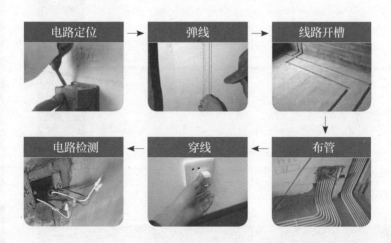

电路定位　→　弹线　→　线路开槽

电路检测　←　穿线　←　布管

（1）线路开槽

如果插座在墙面的下半部分，由墙面垂直向下开槽到安装踢脚板位置的底部；如果插座在靠近顶面的部分，由墙面垂直向上开槽到墙顶部顶角线的安装线内。

> **要点：** 开槽要横平竖直、大小均匀，深度保持一致，一般来说是 PVC 管的直径长度加 10 毫米。

（2）布管

导管与线盒、线槽、箱体连接时，管口必须光滑；线盒外侧应该套锁母，内侧应装护口。管弯曲时半径不能小于管径的 6 倍，明管设管线需用管卡固定，多管并列时不能有间隙。

> **要点：** ①电线管道距燃气管：平行净距不小于 0.3 米，交叉净距不小于 0.2 米。
> ②电线管道距热力管：有保温层平行净距不小于 0.5 米，交叉净距不小于 0.3 米；无保温层平行净距不小于 0.5 米，交叉净距不小于 0.5 米。
> ③电线管道距电气线缆导管：平行敷设时不小于 0.3 米，交叉时保持垂直交叉。

（3）穿线

弱电穿线管拉线时线盒内必须清理干净，然后才能穿线。强电穿线管拉线时要将线管事先穿入引线，之后将待装电线引入线管之中，利用引线可将穿入管中的导线拉出，若管中的导线数量为 2~5 根，应一次穿入。

小贴士｜走线操作规范

强电与弱电交叉时，强电在上，弱电在下，横平竖直；同一回路电线需要穿入同一根线管中，但总数量不宜超过 8 根，一般情况下 φ16 的电线管不宜超过 3 根电线，φ20 的电线管不宜超过 4 根。

3.电路施工常见问题

①电源线与信号线未分管安装，造成信号干扰。
解决： 改线时枪托点一定要保持至少 30 厘米以上的距离，否则就会互相干扰。

② **电线直接埋墙导致漏电。**

解决：电线如果直接被埋进墙内，经过长时间的使用，电线胶皮老化或被腐蚀损坏，会造成漏电，严重时会有安全隐患。

4. 电路施工的材料预算

（1）电线

最好选用有长城标志的"国标"塑料或橡胶绝缘保护层的单股铜芯电线。接地线选用绿黄双色线，接开关线（火线）可以用红、白、黑、紫等任何一种颜色，但颜色的用途必须一致。

> 电线的市场价格为 3~8 元 / 米。

（2）穿线管

穿线管壁表面应光滑，壁厚要求达到手指用力捏不破的强度，而且应有合格证书。国家标准规定应使用管壁厚度为 1.2 毫米的电线管，要求管中电线的总截面积不能超过塑料管内截面积的 40%。

> 穿线管的市场价格为 4~10 元 / 米。

（3）开关面板和插座

面板的尺寸应与预埋的接线盒的尺寸一致；表面光洁、品牌标志明显，有防伪标志和国家电工安全认证的长城标志；开关开启时手感灵活，插座稳固，铜片要有一定的厚度；面板的材料应有阻燃性和坚固性；开关高度一般为 1200~1350 毫米，距离门框门沿为 150~200 毫米，插座高度一般为 200~300 毫米。

> 开关面板和插座的安装人工价格为 3~5 元 / 个。

小贴士 安全试验防水工程，防止漏水增加返工费用

在施工的过程中，更换厨房、卫生间已有的墙面砖和地面砖或水电改造等施工，会破坏原有的防水层，因此有必要进行二次防水施工。家居中卫浴间、厨房、阳台的地面和墙面都应进行防水防潮处理，这样可以保证日后不会出现漏水、渗水的现象，避免出现问题后返工修缮而增加费用。

✅ 管线外露不做吊顶

不打算做吊顶，管线有两种处理方式。第一，可以走墙壁里面或顶面边缘，再用线板遮盖住，施工前请安装管线的水电师傅和泥作师傅协调管线走法。第二，完全暴露不遮，业主可以将裸露的管线请师傅整理成较有整体感的样子，搭配风格涂上颜色，看起来很具粗犷的现代感。

✅ 老房子不一定需要接地线

现在的新房中都有接地系统，所以在电工工程中一定要做接地线。25 年以上的老房子一般是没有这个系统的，如果要改造，就不必做接地线了。只有整座建筑大楼有接地设计，家里的接地线才有用，否则电是不可能导入地下的。所以装修老房子时，如果装修公司要接地线，业主可以自行考量，预算有限的话可以不需要，这样也能减少支出。

✅ 插座计算要细致

现在家庭中电器的种类繁多，所需要的插座也变得多起来。一套房子的开关插座加起来八九十个是很正常的，随之而来的可能是电管、电线、开槽费以及安装费的增加。有些业主为了省钱，认为不需要安装过多插座开关，结果贴完瓷砖后才发现没有足够的插座来安插电器，这个时候后悔想增加插座数量，则要付出更多的资金与精力。

安全试验防水工程，
防止漏水增加返工费用

在施工的过程中，更换厨房卫生间已有的墙面砖和地面砖或水电改造等施工，会破坏原有的防水层，因此有必要进行二次防水施工。家居中卫浴间、厨房、阳台的地面和墙面都应进行防水防潮处理，这样可以保证日后不会出现漏水、渗水的现象，避免出现问题后返工修缮而增加费用。

1. 防水施工条件与材料

施工条件：水电改造完成，基层进行找平之后。

施工材料：防水涂料，具有良好的温度适应性，操作简便，易于维修与维护。

2. 防水施工流程

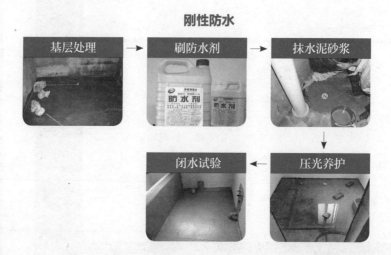

刚性防水

基层处理 → 刷防水剂 → 抹水泥砂浆

闭水试验 ← 压光养护

（1）基层处理

先用塑料袋之类的东西把排污管口包起来，扎紧，以防堵塞。把原有地面上的杂物清理干净。房间中的后埋管可以在穿楼板部位设置防水环，加强防水层的抗渗效果。施工前在基面上用净水浆扫浆一遍，特别是卫生间墙地面之间的接缝以及上下水管道与地面的接缝处要扫浆到位。

（2）刷防水剂

使用防水胶先刷墙面、地面，干透后再刷一遍。然后再检查一下防水层是否存在微孔，如果有，及时补好。第二遍刷完后，在其没有完全干透前，在表面再轻轻刷上一两层薄薄的纯水泥层。

小贴士 防水涂刷不固化的解决办法

涂膜防水层涂刷 24 小时未固化仍有粘连现象，涂刷第二道涂料有困难时，可先涂一层滑石粉，这样上人操作时可不粘脚，且不会影响涂膜质量。

（3）抹水泥砂浆

预留的卫生间墙面 300 毫米和地面的防水层要一次性施工完成，不能留有施工缝，在卫生间墙地面之间的接缝以及上下水管与地面的接缝处要加设密目钢丝网，上下搭接不少于 150 毫米（水管处以防水层的宽度为准），压实并做成半径为 25 毫米的弧形，加强该薄弱处的抗裂及防水能力。

柔性防水

清理基层 → 涂刷底胶 → 三遍涂膜 → 防水层试水

防水层检验 ← 防水层二次试水 ← 保护层饰面施工

① **细部附加层施工。**地面的地漏、管根、出水口、卫生洁具等根部（边沿）及阴阳角等部位，应在大面积涂刷前，先做一布二油防水附加层，两侧各压交界缝200毫米。

> **要点：**在常温 4 小时表干后，再刷第二道涂膜防水材料，24 小时实干后，即可进行大面积涂膜防水层施工。

② **第一遍涂膜。**将已配好的聚氨酯涂膜防水材料，用塑料或橡皮刮板均匀涂刮在已涂好底胶的基层表面，每平方米用量为 0.8 千克，不得有漏刷和鼓泡等缺陷，24 小时固化后，可进行第二道涂层。

③ **第三遍涂膜。**24 小时固化后，再按上述配方和方法涂刮第三道涂膜，涂刮量以 0.4~0.5 千克 / 平方米为宜。第三道涂膜的厚度为 1.5 毫米。

3. 防水施工常见问题

（1）防水施工出现漏刷现象导致渗漏

解决：在进行涂刷涂料时，每一层都要统一向着一个方向刷，刷完一层后，不需要等到全部干透，只要摸着不黏手就可以开始刷第二层，两层的方向应相反或者垂直，这样操作可以避免有漏刷的地方。

（2）墙面涂刷高度不够导致积水返潮

解决：在涂刷卫生间墙面时，非承重墙及没有淋浴房的情况下主要承受水流的墙面，防水涂料要刷 180 厘米的高度。非淋浴墙面要求做 30~50 厘米高的防水涂料，可以避免积水渗透墙面返潮。

（3）正规涂料防水效果差

解决：如果购买的是正规厂家品牌的防水涂料，但效果却很差，那可能是操作手法的问题。防水涂料的搅拌非常关键，将粉料和液料按比例混合后，用电钻搅拌至少 5 分钟。过程中不可加入水或其他液体进行稀释，否则涂料容易失去防水效果。

4. 防水施工的材料预算

（1）聚合物高分子类防水材料

聚合物高分子类防水材料，由多种水性聚合物加上掺有各种添加剂的优质水泥组成。聚合物的柔性与水泥的刚性结为一体，使得它在抗渗性与稳定性方面表现优异。它的优点是施工方便、造价低、节约成本，且无毒环保。

> 聚合物高分子类防水材料的市场价格为 5~8 元 / 千克。

（2）丙烯酸类防水材料

丙烯酸类防水涂料的优点是：当涂料上完后，涂料会形成结膜，结膜有很强的弹性和延展性，非常适合用作卫生间防水。并且它可以在潮湿基层上施工，粘结强度高，与基层和外保护装饰层结合牢固，无污染无异味。

> 丙烯酸类防水材料的市场价格为 9~12 元 / 千克。

5. 防水施工的预算

（1）刚性防水

刚性防水材料是指以水泥、沙石为原材料，或其内渗入少量外加剂、高分子聚合物等材料，通过调整配合比、抑制或减小孔隙率、改变孔隙特征，增加各原材料界面间的密实性等方法，配制成具有一定抗渗透能力的水泥砂浆混凝土类防水材料。

> 刚性防水的市场价格为 80~100 元 / 平方米。

（2）柔性防水

柔性防水指在相对于刚性防水如防水砂浆和防水混凝土等而言的一种防水材料形态。柔性防水通过柔性防水材料（如卷材防水、涂膜防水）来阻断水的通路，以达到建筑防水的目的或增加抗渗漏的能力。

> 柔性防水的市场价格为 50~90 元 / 平方米。

善用隔墙施工材料，
减少不合理规划预算支出

隔墙施工根据不同的材料选用、施工方式等，其预算价格也有较明显的差别。如隔墙就有砖砌隔墙、木作隔墙、玻璃隔墙等三类。每一类的隔墙都可根据具体的家居风格进行设计。其中玻璃隔墙是价格最高的、装饰效果也最突出的，而砖砌隔墙的隔音效果更好。因此要合理根据预算与需求选择隔墙材料，才能达到省钱又实用的目的。

1. 隔墙施工条件与材料

施工条件： 墙面定位放线完成。

施工材料： 轻钢龙骨、木龙骨、泰柏板、空心砖和多孔砖。

2. 隔墙施工流程

骨架隔墙

定位放线 → 安装门洞口框 → 安装沿顶（墙）横（竖）龙骨 → 竖龙骨分挡

接缝 ← 安装纸面石膏板 ← 安装龙骨

（1）安装沿地横龙骨

如沿地横龙骨安装在踢脚板上，应等踢脚板养护到期达到设计强度后，在其上弹出中心线和边线。横龙骨固定，如已预埋木砖，则将横龙骨用木螺钉钉结在木砖上。如无预埋件，则用射钉进行固结，或先钻孔后用膨胀螺栓进行连接固定。

（2）安装贯通龙骨、横撑

根据施工规范的规定，低于 3 米的隔墙安装一道贯通龙骨。3~5 米的隔墙应安装两道。装设支撑卡时，卡距应为 400~600 毫米，距龙骨两端的距离为 20~25 毫米。

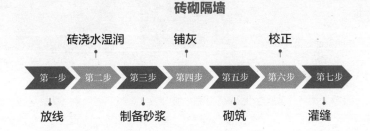

砖砌隔墙

（1）砖浇水湿润

砖必须在砌筑前一天浇水湿润，一般以水浸入砖四边 1.5 厘米为宜，含水率为10%~15%，常温施工不得用干砖上墙；雨季不得使用含水率达到饱和状态的砖砌墙；冬季浇水有困难，则必须适当增大砂浆稠度。

（2）砌筑

水平灰缝厚度和竖向灰缝宽度一般为 10 毫米，但不应小于 8 毫米也不应大于12 毫米。砌筑砂浆应随拌随使用，水泥砂浆必须在 3 小时内用完，水泥混合砂浆必须在 4 小时内用完，不得使用过夜砂浆。

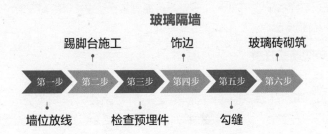

玻璃隔墙

板材隔墙

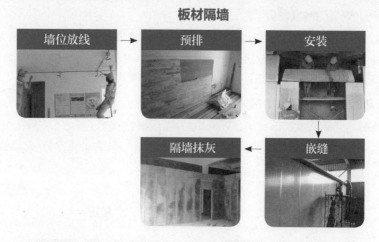

（1）泰伯板隔墙抹灰

先在隔墙上用 1：2.5 水泥砂浆打底，要求全部覆盖钢丝网，表面平整，抹实 48 小时后用 1：3 的水泥砂浆罩面，压光。抹灰层总厚度为 20 毫米，先抹隔墙的一面，48 小时后抹另一面。抹灰层完工后，3 天内不得受任何撞击。

（2）石膏复合板墙基施工

墙基施工前，楼地面应进行毛化处理，并用水湿润，现浇墙基混凝土。

（3）石膏空心板嵌缝

板缝用石膏腻子处理，嵌缝前先刷水湿润，再嵌抹腻子。

3. 隔墙施工常见问题

（1）轻体墙填了保温板也不隔音

解决：轻体墙里面添加了保温板，具有一定的隔音作用，但实际上保温板的拼接处有缝隙，并且缝隙并不小，十分容易传播声音，业主在选择隔墙时可以考虑利用砖体墙代替轻体墙。

（2）砖墙墙漆开裂

解决：入住房屋一段时间后发现墙漆开裂，如果本身漆的质量没有问题，那么可能是砌墙的时候砌得太快，时间太短而没完全干透，水汽被墙漆封在里面，造成日后水泥开裂。所以在砌墙时，切记不可着急，每天只能砌 1.2 米，最多不能超过 1.5 米。

（3）新墙与旧墙之间出现裂纹

解决：新墙与旧墙之间要有防裂工艺，标准做法是，铲除旧墙靠近新墙处的石灰层，把旧墙凿毛，并在旧墙上打洞插入钢筋、膨胀螺丝或钢钉，在砌新墙的时候一起砌进去。

（4）砌完砖墙后楼板被压弯

解决：红砖墙只能砌在多层、小高层、别墅一楼以上部分的梁下。非梁下或者高层尽量不要砌砖墙。因为砖墙一般很重，如果没有梁或者不是底楼，可能会把楼板压弯。

4. 骨架隔墙的预算

两种隔墙骨架

隔墙的骨架有两种材料：一是轻钢龙骨，是用镀锌钢带或薄钢板轧制经冷弯或冲压而成的。墙体龙骨由横龙骨、竖龙骨及横撑龙骨和各种配件组成；二是木龙骨，通俗点讲就是木条。一般来说，只要是需要用骨架进行造型布置的部位，都有可能用到木龙骨。

> 轻钢龙骨骨架的价格为 18~30 元 / 平方米；木龙骨的材料价格为 20~35 元 / 捆。

5. 砖砌隔墙的预算

（1）黏土砖隔墙

这种隔墙是用普通黏土砖、黏土空心砖顺砌或侧砌而成的。因墙体较薄，稳定性差，因此需要加固。对顺砌隔墙，若高度超过 3 米，长度超过 5 米，通常每隔 5~7 皮砖，在纵横墙交接处的砖缝中放置两根 φ4 的锚拉钢筋。

> 黏土砖隔墙的市场价格为 90~110 元 / 平方米。

（2）砌块隔墙

它是用比普通黏土砖砌积大、堆密度小的超轻混凝土砌块砌筑的。加固措施与砖隔墙相似。采用防潮性能差的砌块时，宜在墙下部先砌 3~5 皮砖厚墙基。

> 砖砌隔墙的市场价格为 95~125 元 / 平方米。

6. 玻璃砖隔墙的预算

（1）玻璃砖隔墙

玻璃砖隔墙每砌一层，按水平、垂直灰缝 10 毫米，拉通线砌筑。在每一层中，将 2 根 φ6 的钢筋，放置在玻璃砖中心的两边，压入砂浆的中央，钢筋两端与边框电焊牢固。

> 玻璃砖隔墙的市场价格为 260 ~ 400 元 / 平方米。

（2）有框落地玻璃隔墙

固定框架时，组合框架的立柱上、下端应嵌入框顶和框底的基体内 25 毫米以上，转角处的立柱嵌固长度应在 35 毫米以上。玻璃不能直接嵌入金属下框的凹槽内，应先垫氯丁橡胶垫块，然后将玻璃安装在框格凹槽内。

> 有框落地玻璃隔墙的市场价格为 350 ~ 480 元 / 平方米。

（3）无竖框玻璃隔墙

安装靠边结构边框的玻璃，将槽口清理干净，垫好防振橡胶垫块。玻璃之间应留 2~3 毫米的缝隙或留出与玻璃肋厚度相同的缝，以便安装玻璃肋和打胶。

> 无竖框玻璃隔墙的市场价格为 400 ~ 500 元 / 平方米。

7. 板材隔墙的预算

（1）泰柏板

在主体结构墙面中心线和边线上，每隔 500 毫米钻 φ6 孔，压片，一侧用长度 350~400 毫米 φ6 钢筋码，钻孔打入墙体内，泰柏板靠钢筋码就位后，将另一侧 φ6 钢筋码以同样的方法固定，夹紧泰柏板，两侧钢筋码与泰柏板横筋绑扎。

> 泰柏板的市场价格为 55 ~ 95 元 / 张。

（2）石膏复合板

复合板安装时，在板的顶面、侧面和板与板之间，均匀涂抹一层胶黏剂，然后上下顶紧，侧面要严实，缝内胶黏剂要饱满。板下面塞木楔，一般不撤除，但不得露出墙外。

> 彩钢的石膏复合板的市场价格为 120 ~ 140 元 / 平方米。

✅ 利用视觉关系分隔格局

房屋格局不好，不一定非要使用隔墙来重新改造，也可以使用视觉差别来直接区分功能区域。比如入门玄关位置的空间，可以用特别拼花效果的地砖，以区别于客厅的空间；通过铺设一张较大面积的地毯来进行地面空间的区分等，这样相比较于隔墙，更省事，同时花费也更少。

✅ 收纳与分隔结合，一物多用更省钱

板材隔墙在制作时，可以融入收纳的功能，制作小型的收纳架或收纳空间，这样不仅可以分隔空间格局，同时也能具有一定的收纳功能，实现一物多用。

✅ 骨架隔墙代替砖墙

砖墙由于要等时间干透，并且每天施工都有限制，对于想省预算的业主，可以选择骨架隔墙作为替代。骨架隔墙一般是用轻钢龙骨作为支架，两侧贴石膏板，中间塞入保温板或隔音棉，所以相对价格低，重量轻，施工快，并且装饰效果比较突出，能够变换多种造型。但如果业主追求隔音效果比较好的墙，那么骨架隔墙就不太适合。

关注墙地砖铺贴工程，
提前规划节减意外开支

墙地砖施工的预算包括不同的材料，如瓷砖、马赛克、石材等；包括不同的施工位置，如墙面粘贴瓷砖、地面铺贴瓷砖；包括不同的拼贴方式，如拼花瓷砖、大理石拼花等。因此，想要墙地砖铺贴预算不超支，就需要对墙地砖的施工工艺有必要的了解，通过细致地规划不同位置的瓷砖的铺贴方式，计算总的墙地砖铺贴预算，才能减少意外开支。

1. 墙地砖施工条件与材料

施工条件： 墙、地面基层清理干净，窗台、窗套等事先砌堵好。

施工材料： 陶瓷锦砖、陶瓷墙砖、水泥、砂粉料、水等。

2. 墙地砖施工流程

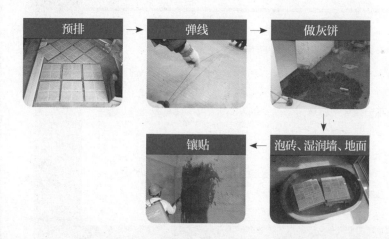

预排 → 弹线 → 做灰饼

镶贴 ← 泡砖、湿润墙、地面

（1）预排

内砖镶贴前应预排，要注意同一面的横竖排列，不得有一行以上的非整砖。非整砖应排在次要部位或阴角处，排砖时可用调整砖缝宽度的方法解决。如无设计规定时，接缝宽度可在 1~1.5 毫米调整。

> **要点：** 在管线、灯具、卫生设备支撑等部位，应用整砖套割吻合，不得用非整砖拼凑镶贴，以保证美观效果。

（2）泡砖和湿润墙面

釉面砖粘贴前应放入清水中浸泡 2 小时以上，然后取出晾干，用手按砖背无水迹时方可粘贴。冬季宜在掺入 2% 盐的温水中浸泡。砖墙面要提前 1 天湿润好，混凝土墙面可以提前 3～4 天湿润，以免吸走黏结砂浆中的水分。

（3）镶贴

在釉面砖背面抹满灰浆，四周刮成斜面，厚度在 5 毫米左右，注意边角要满浆。当釉面砖贴在墙面或地面时应用力按压，并用灰铲木柄轻击砖面，使釉面砖紧密粘于墙面。铺完整行的砖后，再用长靠尺横向校正一次。对高于标志块的应轻轻敲击，使其平齐；若低于标志块的，应取下砖，重新抹满刀灰铺贴，不得在砖口处塞灰，否则会产生空鼓。然后依次按此法往上铺贴。

小贴士 镶贴操作要点

如因釉面砖的规格尺寸或几何尺寸形状不等时，应在铺贴时随时调整，使缝隙宽窄一致。当贴到最上一行时，要求上口成一直线。上口如没有压条，应用一边圆的釉面砖，阴角的大面一侧也用一边圆的釉面砖，这一排的最上面一块应用两边圆的釉面砖。

🔧 3. 墙地砖施工常见问题

瓷砖鼓起、断裂

解决： 在铺贴瓷砖时，接缝可在 2~3 毫米之间调整。同时，为避免浪费材料，可先随机抽样若干选好的产品放在地面进行不粘合试铺，若发现有明显色差、尺寸偏差等情况，应当及时停止铺设，并与材料商联系进行调换。

4. 墙砖铺贴的预算

（1）墙砖铺贴

内墙砖镶贴前应预排，要注意同一墙面的横竖排列，不得有一行以上的非整砖。非整砖应排在次要部位或阴角处，排砖时可用调整砖缝宽度的方法解决。如无设计规定时，接缝宽度可在1～1.5毫米调整。

墙砖粘贴的人工价格为50~65元／平方米。

（2）马赛克

马赛克应按缝对齐，再将硬木板放在已经贴好的马赛克纸面上，待粘结层开始凝固即可在马赛克护面纸上用软毛刷刷水湿润。护面纸吸水泡开后便可揭纸。揭纸应先试揭，仔细按顺序用力向下揭，切忌往外猛揭。

墙面粘贴马赛克的人工价格为95~120元／平方米。

5. 地砖铺贴的预算

（1）地面铺砖

地面铺砖的顺序依次为：按线先铺纵横定位带，定位带间隔15~20块砖，然后铺定位带内的陶瓷地砖；从门口开始，向两边铺贴；也可按纵向控制线从里向外倒着铺；踢脚线应在地面做完后铺贴。

地砖粘贴的人工价格为50~65元／平方米。

（2）马赛克地面铺贴

铺贴时，在铺贴部位抹上素水泥稠浆，同时将陶瓷锦砖面刷湿，然后用方尺兜方，拉好控制线按顺序进行铺贴。当铺贴快接近尽头时，应提前量尺预排，提早做调整，避免造成端头缝隙过大或过小。

地面粘贴马赛克的人工价格为95~115元／平方米。

省钱小秘籍

✅ 瓷砖辅料自己动手

墙地砖的铺设工序和材料价格差异不大，除了瓷砖以外。同样的面积，瓷砖越大片价格越贵，比如 40 厘米 ×40 厘米和 60 厘米 ×60 厘米的瓷砖，价格上可能相差两倍。如果房屋环境不是特别的大，那么可以选择尺寸较小的瓷砖，以节约预算。另外，如果家中有电梯，瓷砖量也不多，则可以考虑自己搬运，也可以省一部分的开支。

✅ 旧瓷砖修补也能省下钱

旧屋瓷砖有部分膨拱坏损，面积不大的话可以进行修补，挖除破损部分，重做部分防水，再进行铺贴；大部分修补的障碍不在于难施工，而是难购买到与原瓷砖一模一样的瓷砖，因此如果家中瓷砖比较常见也容易购买的话，则可以通过修补来代替全部重新铺设，这样就能省下不少的资金。

✅ 沿用旧石材或地砖保留复古气质

旧屋如果本来就是用大理石或抛光石英砖石铺设，请施工师傅检查有无膨拱和破损，如果没有的话，只要重新抛光，再搭配上复古家具，不用刻意布置就能充满怀旧氛围。

✅ 保持浴室通风，不用防霉填缝剂

很多业主害怕浴室潮湿，填缝会出现发霉现象，因此选用了价格不菲的抗菌防霉填缝剂。不过一般的防霉填缝剂只是延后发霉的时间，其实只要保持浴室通风干燥，就不容易发霉长垢。

按需选择吊顶施工，避免后期更改追加费用

吊顶价格的计算方式是按吊顶展开的面积来计算的，单位为元每平方米。装修石膏板吊顶价格受吊顶造型设计影响，吊顶的造型设计越是精巧复杂，其花费的人力便越大，吊顶的价格也越贵。业主在施工前，可以根据居室风格和经济能力确定所需要的吊顶样式，这样可以避免后期更改增加额外的开支。

1. 吊顶施工条件与材料

施工条件：墙面砖全部贴好后。

施工材料：轻钢龙骨，抗变形性能较好、坚固耐用；木龙骨，适于做复杂造型吊顶，但容易变形、发霉。

2. 吊顶施工流程

轻钢龙骨吊顶

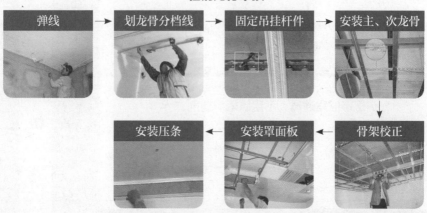

弹线 → 划龙骨分档线 → 固定吊挂杆件 → 安装主、次龙骨

安装压条 ← 安装罩面板 ← 骨架校正

（1）安装大龙骨

在大龙骨上预先安装好吊挂件；组装吊挂件的大龙骨，按分档线位置使吊挂件穿入相应的吊杆螺母，拧好螺母；采用射钉固定，设计无要求时射钉间距为 1000 毫米。

（2）安装中龙骨

中龙骨间距一般为 500~600 毫米，当中龙骨长度需多根延续接长时，用中龙骨连接件，在吊挂中龙骨的同时相连，调直固定。

（3）安装小龙骨

小龙骨间距一般在 500~600 毫米；当采用 T 形龙骨组成轻钢骨架时，小龙骨应在安装罩面板时，每装一块罩面板先后各装一根卡挡小龙骨。

（4）刷防锈漆

轻钢骨架罩面板顶棚，焊接处未做防锈处理的表面（如预埋，吊挂件，连接件，钉固附件等），在交工前应刷防锈漆。

木骨架罩面板吊顶

（1）安装大龙骨

将预埋钢筋弯成环形圆钩，穿 8 号镀锌钢丝或用 φ6~φ8 螺栓将大龙骨固定，并保证其设计标高。吊顶起拱按设计要求，设计无要求时一般为房间跨度的 1/300~1/200。

（2）防腐处理

顶棚内所有露明的铁件，钉罩面板前必须刷防腐漆，木骨架与结构接触面应进行防腐处理。

（3）安装管线设施

在弹好顶棚标高线后，应进行顶棚内水、电设备管线安装，较重吊物不得吊于顶棚龙骨上。

3. 吊顶施工常见问题

（1）石膏板出现波浪纹

解决： 吊顶木材应选用优质木材，含水率应控制在 12% 以内；龙骨应顺直，不应扭曲或有横向贯通断面的节疤；受力节点应装钉严密、牢固，确保龙骨的整体刚度。

（2）吊顶出现变形开裂现象

解决： 在施工中尽量降低空气湿度，保持良好的通风；减少湿作业，在进行表面处理时，可对板材表面采取适当封闭措施，如滚涂一遍清漆，以减少板材的吸湿。

（3）轻钢吊顶在受到震动后产生裂痕

解决： 可以在板材与墙面间留缝 1~1.5 厘米，以矽利康封边，或灌入弹性泥；此外，板材不能锁在靠墙的第一根支架上，而是要锁在第二根支柱上，以减少裂缝的发生。

（4）卫浴间吊顶会有共振噪声

解决： 卫浴间的排风扇启动时会造成轻钢龙骨产生共振噪声，所以尽量不要将机器设备装在轻钢骨架上，可直接安装在水泥楼板上，或者在吊顶板材后方加一块 6 厘米厚的夹板，增强吊挂承重力，四周钢架再加吊筋辅助。

（5）吊顶表面出现钢架的印子

解决： 产生原因主要是油漆批涂不均，且应该要上两次胶泥但未上好，没等干就进行下一工序，就会产生印子。

4. 轻钢龙骨石膏板吊顶的预算

地面铺砖的顺序依次为：按线先铺纵横定位带，定位带间隔 15~20 块砖，然后铺定位带内的陶瓷地砖；从门口开始，向两边铺贴；也可按纵向控制线从里向外倒着铺；踢脚线应在地面做完后铺贴。

轻钢龙骨石膏板吊顶的市场价格为 125~155 元／平方米。

5. 木龙骨石膏板吊顶的预算

在吊顶施工中，固定罩面板时会采用胶粘或者排钉方法，虽然操作简单，但固定的效果并不理想，最好的办法是用自攻螺丝钉进行固定。这样能够防止罩面板因为热胀冷缩、空气湿度变化等，造成松动脱落的现象。

木龙骨石膏板吊顶的市场价格为 115~145 元／平方米。

省钱小秘籍

✅ 吊顶制作可有可无

现在一般普通房屋的层高并不高，如果做整体吊顶，毫无疑问会让室内层高更低。而局部吊灯需要在吊顶造型中安装灯光，并且一般所用的射灯使用寿命较短，同时更换起来也很麻烦。有些复杂的吊顶造型，时间久了容易堆积灰尘，清理起来很不方便。所以业主在规划时，不一定非要做吊顶，可以综合考虑后再决定。

✅ 利用简单的造型和图案代替吊顶

把一些石膏、木质或亚克力的造型图案，直接固定到顶面上，或者在顶面铺贴壁纸，比如儿童房的蓝天白云、卧室的荧光星空壁纸等，都能够产生比较好的装饰效果，相比吊顶而言，施工简单又省精力，资金花费相对也更少。

✅ 剩余废料不要丢掉

吊顶施工结束后，可能会发现家里还会剩下一些木材、龙骨等，如果是完整的木材一般可以退，但往往运费比材料本身的价格还高。这个时候可以考虑转让给周边同样在装修的邻居，或者在电梯或楼道间打个小广告出售。而很多还可以利用的边角废料，业主可以自己动手或者请师傅制作一些小的东西，比如小板凳、小型花盆架之类。

决定柜体施工造型，明确人工制作费用

柜体施工的预算价格包括柜体材料、柜体类型与柜体安装三部分。柜体类型的不同，决定了柜体有不同的造型样式，而越复杂的造型，需要师傅越多时间与技术的投入，因而越会提升预算的造价；相对而言，柜体安装的价格是比较稳定的，一般成品柜的安装，其价格往往是按项计算的。

1. 柜体施工条件与材料

施工条件： 吊顶制作完成后。

施工材料： 密度板，结构均匀、材质细密、性能稳定、耐冲击、易加工。

2. 柜体施工流程

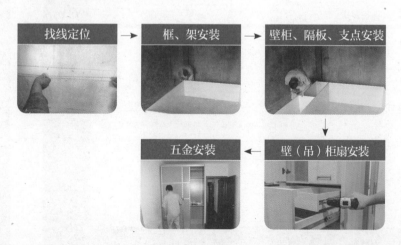

找线定位 → 框、架安装 → 壁柜、隔板、支点安装 → 壁（吊）柜扇安装 → 五金安装

（1）吊柜安装

吊柜的安装应根据不同的墙体采用不同的固定方法。底柜安装应先调整水平旋钮，保证各柜体台面、前脸均在一个水平面上，两柜连接使用木螺钉，后背板通管线、表、阀门等应在背板划线打孔。

（2）支点安装

安装洗物柜底板下水孔处要加塑料圆垫，下水管连接处应保证不漏水、不渗水，不得使用各类胶粘剂连接接口部分。

3. 柜体施工常见问题

橱柜台面不稳固

解决：台面与整板之间需要垫条来做填充的，所以稳定性、耐用性也可能不高。可以考虑使用稳定性、抗变形能力都很好，并且环保的铝合金框架龙骨。

4. 橱柜、吊柜的安装预算

（1）壁柜、吊柜的框和架

壁柜、吊柜的框和架应在室内抹灰前进行，安装在正确位置后，两侧框每个固定件钉2个钉子与墙体木砖钉固，钉帽不得外露。如设计无要求时可预钻 φ5孔，深70~100毫米，并事先在孔内预埋木楔。

> 安装框、架的人工价格为200~260元/项。

（2）壁（吊）柜扇

按扇的安装位置确定五金型号、对开扇裁口方向，一般应以开启方向的右扇为盖口扇。木螺钉应钉入全长的 1/3，拧入全长的 2/3，合页安装螺钉应划位打眼，孔径为木螺钉直径的 0.9 倍，眼深为螺钉的 2/3 长度。

> 壁（吊）柜扇安装的人工价格为180~200元/项。

5. 柜体的材料预算

（1）密度板

密度板可分为高密度板、中密度板和低密度板。一般采用的是中密度板，这种材料依靠机器的压制，现场施工可能性几乎为零。木工极少采用密度板来做细木工活，主要依靠构件组合。密度板最主要的缺点是膨胀性大，遇水后基本上就不能再用了。

> 密度板的市场价格为 35~75 元 / 张。

（2）大芯板

大芯板的芯材具有一定的强度，当尺寸较小时，使用大芯板的效果要比其他人工板材的效果更佳。其施工方便、速度快、成本相对较低，最主要的缺点是其横向抗弯性能较差，当用于书柜等家具时，因跨度大，其强度往往不能满足承重的要求。

> 大芯板的市场价格为 100~145 元 / 张。

（3）细芯板

细芯板是木工工程中较为传统的材料，强度大，抗弯性能好。在一些需要承重的结构部位，使用细芯板强度更好。细芯板的最主要缺点是其自身稳定性要比其他的板材差，这使得细芯板变形的可能性增大。所以，细芯板不适宜用于单面性的部位，如柜门等。

> 细芯板的市场价格为 85~125 元 / 张。

6. 不同柜体制作的预算价格

（1）鞋柜

根据身高、鞋子的大小等因素确定鞋柜的宽度；里面隔板可以做成斜的（可以放下大点的鞋子）；鞋柜内部灰比较多，向里斜的隔板，注意在里面留有缝隙（灰可以落到底层）；有的人喜欢在柜子里贴壁纸，但贴壁纸容易脏，最好刷油漆或贴塑料软片。

鞋柜的市场价格为 450~550 元 / 平方米。

（2）玄关柜

如果是一个小鞋柜，那就可以做成可活动式的，将来往家里搬家具，可以挪开，比较方便。还有一种固定式的，在制作的时候就要把鞋柜固定在墙面，从而保证造型与墙面之间无缝隙及保证顶部造型的承重。换鞋要方便，要有抽屉（放个钥匙等小东西），有放雨伞的位置，最好再有个镜子（出门时可照一下镜子），还可以设一个挂衣服的钩。家里有老年人的还要设一个墩，坐在墩上换鞋会方便些。

玄关柜的市场价格为 600~850 元 / 平方米。

（3）衣柜

带柜门的柜子，门的施工应该为一张大芯板开条，再压两层面板。不要一整张大芯板上直接做油漆或贴一张面板，这样容易变形。注意留有滑轨的空间，滑轨侧面还需要刷油漆，这样能保证柜内的抽屉可以自由拉出（抽屉稍微做高一点，不要让推拉门的下轨挡住）。有时候柜子没必要做到顶，上面可以用石膏板封起来再刷乳胶漆。

衣柜不含柜门的市场价格为 650~750 元 / 平方米。

现场监督油漆施工，
避免后期修补开支

油漆涂装前需要兑水，如果没有按照标准兑水量施工，兑水量过大，会使漆膜的耐擦洗次数及防霉、防碱性下降。如果水性涂料没有被均匀搅拌，则容易造成桶内的涂料上半部分较稀、色料上浮，遮盖力差。下半部分较稠、填料沉淀，导致涂刷后色淡、起粉等现象。所以为了避免后期出现问题，油漆施工时需要业主或专业监理在现场进行监工。

1. 油漆施工条件与材料

施工条件：吊顶制作完成后。

施工材料：密度板，结构均匀、材质细密、性能稳定、耐冲击、易加工。

2. 油漆施工流程

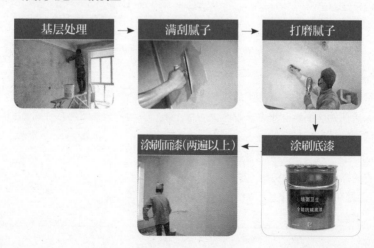

（1）满刮腻子

一般墙面刮两遍腻子即可，既能找平，又能罩住底色。平整度较差的墙面腻子需要在局部多刮几遍。

> **要点：** 如果平整度极差，墙面倾斜严重，可考虑先刮一遍石膏进行找平，之后再刮腻子。每遍腻子批刮的间隔时间应在 2 小时以上（表干以后）。当满刮腻子干燥后，用砂纸将墙面上的腻子残渣、斑迹等打磨、磨光，然后将墙面清扫干净。

（2）打磨腻子

建议刮过腻子之后 1~2 天便开始进行腻子打磨。打磨可选在夜间，用 200 瓦以上的电灯泡贴近墙面照明，一边打磨一边查看平整程度。

（3）涂刷底漆

底漆涂刷一遍即可，务必均匀，待其干透后（2~4 小时）可以进行下一步骤。通常情况下用排笔涂刷，使用新排笔时，要注意将活动的笔毛清理干净。干燥后修补腻子，待修补腻子干燥后，用 1 号砂纸磨光并清扫干净。

> **小贴士** 涂刷底漆操作要点
>
> 涂刷每面墙面的顺序宜按先左后右、先上后下、先难后易、先边后面的顺序进行，不得胡乱涂刷，以免漏涂或涂刷过厚、涂料不均匀等。

3. 油漆施工常见问题

（1）涂刷后墙面有刷痕

解决： 对乳胶漆来说，流平性和流挂性是矛盾的，有时为了涂上较厚的漆膜而不流挂，流平性上就略有让步。质量好的乳胶漆，就可以兼备这两种性能。另外用喷涂的方式，可以避免刷痕。

（2）油漆出现裂纹

解决： 用化学除漆剂或热风喷枪将漆除去后，再重新上漆。若断裂范围不大，可用砂磨块或干湿两用的砂纸沾水，磨去断裂的油漆，打磨光滑之后，抹上腻子、刷上底漆，并重新上漆。

4. 乳胶漆的施工预算

乳胶漆施工一般会采用滚涂和机器喷涂两种工艺。对于采用喷涂施工的墙体来说，表面确实是越光滑越好，但是对于滚涂来说却不是。采用滚涂的墙面，正常来说都会留有滚花印，如果滚涂后的墙面看起来非常光滑，实际上是漆中加水过多造成的。漆中加水过多会降低漆的附着力，容易出现掉漆问题。

乳胶漆滚涂的市场价格为35~50元/平方米。
乳胶漆喷涂的市场价格为40~65元/平方米。

5. 调和漆的施工预算

调和漆是人造漆的一种，本身具有质地较软、均匀、稀稠适度、耐腐蚀、耐晒、长久不裂、遮盖力强、耐久性好等优点。在具体的施工中，中、深色调和漆施工时尽量不要掺水，否则容易出现色差。亮光、丝光的乳胶漆涂刷时要一次完成，否则修补的时候容易出现色差。天气太潮湿、太冷的时候，最好不要刷。

调和漆涂刷的人工价格为35~45元/平方米。

6. 木作清漆的施工预算

在涂刷清油时，手握油刷要轻松自然，手指轻轻用力，以移动时不松动、不掉刷为准。涂刷时要按照蘸次多、每次少蘸油、操作时勤、顺刷的要求，依照先上后下、先难后易、先左后右、先里后外的顺序和横刷竖顺的操作方法施工。

木作清漆涂刷的人工价格为35~45元/平方米。

7. 木作色漆的施工预算

涂刷面层油漆时，应先用细砂纸打磨。另外，油漆都有一定的毒性，对呼吸道有较强的刺激作用，施工时一定要注意做好通风。

木作色漆含材料及施工的市场价格为35~165元/平方米。

✅ 家具、门片上漆翻新有限制

沿用旧家具和门片既省钱又节能减碳，但并不是每种家具都适合这样做，只有金属表面和实木能上漆，塑料材质家具或门除非先上塑胶底漆再上色漆。同时家具上漆都是喷涂，费用颇高，若家具本身价值不高，可以自己上漆或干脆更换全新的也比较划算。所以并不是沿用所有旧物都能够省钱，有时候弄不清楚，可能最后花费的资金会比重新购置还要贵。

✅ 油漆彩墙改善格局缺陷

很多业主认为小空间需要刷白才能有扩大空间的效果，其实不然，彩色墙面若颜色挑选得当，反而能够做出深度感，拉大空间的视觉效果。加上家具等软装的鲜艳色彩来填充空间的视觉感受，将格局上的小缺陷隐藏，相对于拆墙重建更省钱又不失风格。

✅ DIY 省钱又有趣

只要墙面没有需要大规模的整修，油漆质量、性能很好，并且用滚筒涂刷，也不必担心会有刷痕，以 M 型或 W 型进行刷涂，尽量不要重叠或重复涂刷某处，以免使漆膜不均匀。如果业主施工有经验，完全可以自己进行刷涂，也可以与家人一起进行，不仅能节约预算开支，也能增进成员与房屋之间的羁绊感。

提早规划门窗安装细节，商讨减免定制安装费用

不同材质的门窗，其安装费用不尽相同。但不论哪种材质的门窗都是需要定制的，因此在业主交付定制门窗费用的时候，可以和卖方商讨免安装费用，这样便可以节省掉门窗施工的安装费，以达到节省门窗整体预算的目的。

1. 门窗施工条件与材料

　　施工条件： 门窗框安装应在抹灰前进行，门扇和窗扇的安装宜在抹灰完成后进行。

　　施工材料： 塑钢门窗，有良好的隔热性能、气密性和耐腐蚀性能，长期使用于烈日、暴雨、干燥、潮湿之环境变化中，不会出现变色、老化、脆化等现象。

2. 门窗施工流程

（1）玻璃窗安装

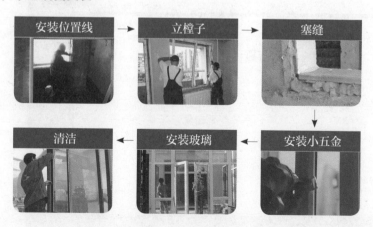

安装位置线 → 立樘子 → 塞缝 → 安装小五金 → 安装玻璃 → 清洁

① 立樘子

框子固定后，应开启门窗扇，检查反复开关的灵活度，如有问题应及时调整；用膨胀螺栓固定连接件时，一只连接件不得少于 2 个螺栓。如洞口是预埋木砖，则用 2 只螺钉将连接件紧固于木砖上。

小贴士 立樘子的操作要点

校正正、侧面垂直度、对角线和水平度合格后，将木楔固定牢靠。为防止门窗框受木楔挤压变形，木楔应塞在门窗角、中竖框、中横框等能受力的部位。

② 塞缝

门窗洞口面层粉刷前，除去安装时临时固定的木楔，在门窗周围缝隙内塞入发泡轻质材料，使之形成柔性连接，以适应热胀冷缩。从框底清理灰渣，嵌入密封膏应均匀填实。连接件与墙面之间的空隙内，也需注满密封膏，其胶液应冒出连接件 1 ~ 2 毫米。严禁用水泥砂浆或麻刀灰填塞，以免门窗框架受震变形。

（2）玻璃门扇安装

① 安装玻璃门扇上下夹

如果门扇的上下边框距门横框及地面的缝隙超过规定值，即门扇高度不够，可在上下门夹内的玻璃底部垫木胶合板条。如门扇高度超过安装尺寸，则需裁去玻璃扇的多余部分。

② 安装门扇

先将门框横梁上的定位销用本身的调节螺钉调出横梁平面 2 毫米，再将玻璃门扇竖起来，把门扇下门夹的转动销连接件的孔位对准门底弹簧的转动销轴，并转动门扇，将孔位套入销轴上，然后把门扇转动 90°，使之与门框横梁成直角。

3. 门窗施工常见问题

（1）塑钢门窗与墙体之间渗水

解决：如果发现塑钢门窗与墙体之间存在渗水现象，应用 1：2.5 的水泥砂浆分层填嵌塑钢门窗与墙体之间的缝隙，确保填实，并浇水养护 7 天以上。

（2）门窗套的打孔距离过大

解决：在木门窗套施工中，首先应在基层墙面内打孔，下木模。木模上下间距小于 300 毫米，每行间距小于 150 毫米。

（3）能不能用密度板做门套

解答：很多工人告诉业主不能用密度板做门套，容易变形。其实对于密度板来说，因为在生产过程中做了防水处理，其吸湿性比木材小，形状稳定性、抗菌性都较好，而且结构均匀，板面平滑细腻，尺寸稳定性好，是可以做门套的。用密度板做门套前，要先确定密度板是否环保，环保性好的密度板才可以用于门套的制作。

（4）室内房门要不要做门套

解答：从装修的角度来讲，门洞装修涵盖门及门边为一个整体来处理，这与美观有关。门做不做门套，这没有硬性规定。如果不做门套，安装成品门之前，门洞要先安装好门框（门框背面做防腐处理），固定牢固后（按质量标准安装）抹灰处理好。

（5）卫浴间和厨房能不能包木门套

解答：有些业主觉得厨房和卫浴间由于湿度大，因此不能包木门套，其实这是一种错误的观点。在做门套时，所用的材料不会太靠近地面，包套用的材料可以在反面做一层油漆保护，并用灰胶封闭缝隙，这样水分进不来，在使用过程中也不会吸潮变形。

4. 塑钢门窗的施工预算

门窗安装前应核定类型、规格、开启方向是否合乎要求，零部件、组合件是否齐全。洞口位置、尺寸及方正应核实，有问题的应提前进行剔凿或找平处理。安装过程中，门窗框与墙体之间需留有 15 ~20 毫米的间隙，并用弹性材料填嵌饱满，表面用密封胶密封。不得将门窗框直接埋入墙体，或用水泥砂浆填缝。密封条安装应留有比门窗的装配边长 20~30 毫米的余量，转角处应斜面断开，并用胶黏剂粘贴牢固。

> 塑钢门窗的安装费用为 20~25 元 / 平方米。

5. 木门窗的施工预算

（1）木制窗

弹线安装窗框、扇应考虑抹灰层的厚度，并根据门窗尺寸、标高、位置及开启方向，在墙上画出安装位置线。有贴面板的门窗立框时应与抹灰面平，有预制水磨石板的窗，应注意窗台板的出墙尺寸，以确定立框位置。

木制窗的安装费用为80~125元/扇。

（2）套装门

木门框的安装应在地面工程施工前完成。门框安装应保证牢固，门框应用钉子与木砖钉牢，一般每边不少于两处固定，间距不大于 1.2 米。若隔墙为加气混凝土条板时，应按要求间距预留 45 毫米的孔，孔深 7~10 厘米，并在孔内预埋木橛，加入108 胶、水泥浆（木橛直径应大于孔径 1 毫米以使其打入牢固）。待其凝固后再安装门框。

套装门的安装费用为100 ~ 150元/扇。

6. 铝合金门窗的施工预算

门窗框与墙体之间需留有 15~20 毫米的间隙，并用弹性材料填嵌饱满，表面用密封胶密封。密封条安装应留有比门窗的装配边长 20~30 毫米的余量，转角处应斜面断开，并用胶黏剂粘贴牢固。

铝合金门窗的安装费用为28 ~ 35元/平方米。

7. 全玻门和玻璃的施工预算

全玻门的边缘不得与硬质材料直接接触，玻璃边缘与槽底空隙应不小于 5 毫米。玻璃安装可以嵌入墙体，并保证地面和顶部的槽口深度：当玻璃厚度为 5~6 毫米时，深度为 8 毫米；当玻璃厚度为 8~12 毫米时，深度为 10 毫米。玻璃与槽口的前后空隙：当玻璃厚为 5~6 毫米时，空隙为 2.5 毫米；当玻璃厚为 8~12 毫米时，空隙为 3 毫米。这些缝隙用弹性密封胶或橡胶条填嵌。

全玻门和玻璃的安装费用为45 ~65元/平方米。

省钱小秘籍

☑ 气密窗代替隔音窗

市场上的隔音窗其实是气密窗的一种，只不过形式上更高级点，但价格往往高出一倍。好的气密窗隔音效果并不差，如果居住的环境不在公路旁或繁华街道边等比较嘈杂的地方，那么选择玻璃较厚的气密窗就完全足够使用，也不会造成不必要的开支。

☑ 旧窗翻新最省钱

金属的窗框和玻璃其实很不容易损坏，如果没有漏水的问题，可以修缮一下再使用，不必全部打掉重装。一般旧窗在重新更换过纱网后，效果可以和全新的媲美。但如果旧窗框破损厉害，又不想整樘拆下，怕破坏到已完成的泥作工程又要多花钱，那么就可以选择干式施工的免拆窗。

☑ 门套选择要细心

现在购买成品门，可以选择带门套或者不带门套。有些业主为了省预算，将门套与门分开购买，有时候可能会出现漆色和花纹不一致的情况，视觉上不美观。但购买成套的门和门套时，也要注意可能会出现在安装门套时无法将其与房屋本身的水泥门框严丝合缝地贴合的情况。因此在购买时业主一定要细心谨慎，才能兼顾美观与经济。

确定地板铺装方式，规划材料数量更节约

地板铺装除了不同材质带来的价格差异，根据铺装方式也存在价钱上的差别。一般实木地板的铺装方式有两种：一种是实铺法，一种是架空法。架空法木地板铺设的价钱要比实铺法木地板铺设的价钱略高，这主要体现在施工的复杂度与辅材用量上。因此业主要提前规划地板铺装的材料与方式，避免施工时材料不够或过多造成意外支出的增加。

1. 地板施工条件与材料

施工条件：吊顶和内墙面的装修施工完毕，门窗和玻璃全部安装完好后。

施工材料：实木地板，具有脚感舒适，使用安全的特点；复合地板，耐磨、易清理。

2. 地板施工流程

（1）实木地板安装

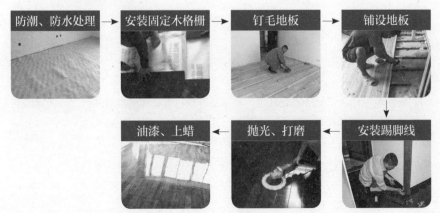

防潮、防水处理 → 安装固定木格栅 → 钉毛地板 → 铺设地板

铺设地板 → 安装踢脚线

安装踢脚线 ← 抛光、打磨 ← 油漆、上蜡

① 钉毛地板

毛地板铺钉时，木材髓心向上，接头必须设在隔栅上，错缝相接，每块板的接头处留 2~3 毫米的缝隙，板的间隙不应大于 3 毫米，与墙之间留 8~12 毫米的空隙。板的两个端头各钉两颗钉子，与隔栅相交位置钉一颗钉帽砸扁的钉子，并应冲入地板面 2 毫米，表面应刨平。钉完，弹方格网点找平，使表面同一水平度与平整度达到控制要求后方能铺设地板。

② 安装踢脚线

先在墙面上弹出踢脚线上的上口线，在地板面弹出踢脚线的出墙厚度线，用 50 毫米的钉子将踢脚线上下钉牢再嵌入墙内的预埋木砖上。

> **要点**：墙上预埋的防腐木砖，应突出墙面与粉刷面齐平。接头锯成 45° 斜口，接头上下各钻两个小孔，钉入钉帽打扁的铁钉，冲入 2~3 毫米。

（2）复合地板安装

① 铺地垫

在基层表面上，先满铺地垫，或铺一块装一块，接缝处不得叠压。接缝处也可采用胶带粘接，衬垫与墙之间应留 10~12 毫米空隙。

② 装地板

复合地板铺装可从任意处开始，不限制方向。顺墙铺装复合地板，有凹槽口的一面靠着墙，墙壁和地板之间留出空隙 10~12 毫米，在缝内插入与间距同厚度的木条。铺第一排锯下的端板，用作第二排地板的第一块。以此类推。最后一排通常比其他的地板窄一些，把最后一块和已铺地板边缘对边缘，量出与墙壁的距离，加 8~20 毫米间隙后锯掉，用回力钩放入最后排并排紧。地板完全铺好后，应停置 24 小时。

✍ 3. 地板施工常见问题

（1）夏天复合地板起翘

解决：地板的尺寸稳定性和抗变形能力都要求非常好才行。同时，在安装时一定要保证地面足够干燥，施胶足量，地板与墙壁间留足伸缩空间。

（2）地板出现裂缝

解决：如果是实木地板，当雨水较多时，可能缝隙会变小。这是实木地板天然材质的特征；如果是强化地板，则肯定是地板的质量不好，建议更换。

✍ 4. 实木地板的施工预算

（1）实铺式木地板

实铺式木地板基层采用梯形截面木格栅，木格栅的间距一般为 400 毫米，中间可填一些轻质材料，以减低人行走时的空鼓声，并改善保温隔热效果。

> 实铺式木地板的人工费用为 18 ~ 26 元 / 平方米。

（2）架空式木地板

将格栅铺于地板上，间距一般保持在 200~400 毫米，将隔栅两端直接搁置在墙体上用料会多一点，为了节约材料，可以选择在下方折纸框架空木楞或者是设置地垄墙。

> 架空式木地板的人工费用为 22 ~ 35 元 / 平方米。

✍ 5. 复合地板的施工预算

复合地板面层施工主要包括面层开板条的固定及表面的饰面处理，条形木地板的铺设方向应考虑铺钉方便、固定牢固、使用美观的要求。

> 复合地板的人工费用为 10~16 元 / 平方米。

省钱小秘籍

✅ 改用塑胶地板代替

与木地板不同，塑胶地板拥有 PVC 材质，价格便宜，不怕水又耐脏，施工方式简单且容易复原，虽然在质感及使用寿命上不如木地板。如果不喜欢地砖的冰冷感，同时预算也有限，那么可以考虑塑胶地板。

✅ 保留旧地板

地板在整个装修预算中占的比重较高，如果预算不足，可以考虑保留原有的地板继续使用。只要旧地板没有漏水、虫蛀、膨拱等破损变形的情况便可沿用。有些业主担心旧地板的效果会不好，其实在平均视线高度上，摆上家具、地毯，加以装饰、制造视觉焦点，人的视线就会忽略地板的状态。如果实在不喜欢旧地板的效果，那么也可以进行重新抛光，以呈现别样的风情。

✅ 做好基础打底，节约修缮费用

很多业主为了节省预算，在铺设地板时不打龙骨，直接进行铺设，这样看来虽然暂时节省了不少的材料费与人工费，但是由于没有龙骨的支撑，踩在地板上会出现响声、东西掉落时由于没有缓冲会直接砸裂地板、地板更容易受潮腐烂等情况，到时再想解决，花费的可能就会更多。

第九章
检验查收亲力亲为，节省返工支出

验收环节是家庭装修的重要步骤，对各个部分进行验收可以避免后期一些质量问题的出现，减少返工现象。家装的验收除了依靠专业人员以外，业主也可以通过简单的学习了解，掌握关键的验收要点，不仅能节约开支，同时也更放心。

自备验收工具，
辅助检验更轻松

家庭装修过程中，验收是非常重要的环节，但是房屋的验收不是仅凭眼睛观察就能发现问题，对于可能存在的内部问题，还是需要使用专业的验收工具辅助检验，这样才能使验收的过程更加简单、轻松。

1. 垂直检测尺

① **定义**：又称靠尺，是检测建筑物体平面的垂直度、平整度及水平度偏差的工具。

② **作用**：用来检测墙面、瓷砖是否平整、垂直；检测地板龙骨是否水平、平整。

③ **功能**：包含垂直度检测、水平度检测、平整度检测。

④ **使用要点**。

垂直度检测	用于 1 米检测时，将检测尺左侧面靠紧被测面，待指针自行摆动停止时，直读指针所指刻度下行刻度数值，此数值即被测面 1 米垂直度偏差，每格为 1 毫米
	用于 2 米检测时，检测方法同上，直读指针所指上行刻度数值，此数值即被测面 2 米垂直度偏差，每格为 1 毫米。如被测面不平整，可用右侧上下靠脚（中间靠脚旋出不要）检测
水平度检测	检测尺侧面靠紧被测面，其缝隙大小用契形塞尺检测（参照3.4 契形塞尺），其数值即平整度偏差
平整度检测	检测尺侧面装有水准管，可检测水平度，用法同普通水平仪

小贴士 垂直检测尺校正方法

垂直检测时，如发现仪表指针数值偏差，应将检测尺放在标准器上进行校对调正。可以自己准备一根长约 2.1 米水平直方木或铝型材，竖直安装在墙面上，将检测尺放在标准水平物体上，用十字螺丝刀调节水准管，使气泡居中。

2. 游标卡尺

① 定义：游标卡尺是由主尺和附在主尺上能滑动的游标两部分构成的工具。

② 作用：可应用在测量工件宽度、测量工件外径、测量工件内径、测量工件深度四个方面。

③ 功能：是一种测量长度、内外径、深度，被广泛使用的高精度测量工具。

④ 使用要点。

a. 将量爪并拢，查看游标和主尺身的零刻度线是否对齐。如果对齐就可以进行测量；如没有对齐则要记取零误差，游标的零刻度线在尺身零刻度线右侧的叫正零误差，在尺身零刻度线左侧的叫负零误差。

b. 测量零件的外尺寸时，卡尺两测量面的联线应垂直于被测量表面，不能歪斜。测量时，可以轻轻摇动卡尺，放正垂直位置。

c. 读数时首先以游标零刻度线为准在尺身上读取毫米整数，然后看游标上第几条刻度线与尺身的刻度线对齐，如第 6 条刻度线与尺身刻度线对齐，则小数部分即为 0.6 毫米（若没有正好对齐的线，则取最接近对齐的线进行读数）。如有零误差，则一律用上述结果减去零误差。读数结果：L = 整数部分 + 小数部分 - 零误差。

3. 响鼓槌

① 定义：响鼓槌由槌头和槌把组成，其特征在于槌头上部为楔状，下部为方形。

② 作用：可以通过槌头与墙面撞击的声音来判断是否存在空鼓现象。

③ **分类**：一般分为 10 克、15 克、25 克、50 克和伸缩式的响鼓锤。

④ **使用要点：**

锤尖	锤尖用来检测石材面板或大块陶瓷面砖的空鼓面积。将锤尖置于其面板或面砖的角部，左右来回退着向面板或面砖的中部轻轻滑动，并听其声音判定空鼓面积或程度。注意千万不能用锤头或锤尖敲击面板面砖
锤头	锤头用来检测较厚的水泥砂浆找坡层及找平层，或厚度在 40 毫米左右的混凝土面层的空鼓面积或程度。将锤头置于距其表面 20~30 毫米的高度，轻轻反复敲击并通过轻击过程所发出的声音判定空鼓面积或程度

4. 万用表

① **定义**：是一种带有整流器的、可以测量交、直流电流、电压及电阻等多种电学参量的磁电式仪表。

② **作用**：可以用来测量被测量物体的电阻，交、直流电压，还可以测量直流电压；甚至有的万用表还可以测量晶体管的主要参数以及电容器的电容量等。

③ **使用要点**。

a. 在使用万用表之前，应先进行"机械调零"，即在没有被测电量时，使万用表的指针指在零电压或零电流的位置上。

b. 在测量某电路电阻时，必须切断被测电路的电源，不得带电测量。

c. 在测量某一电量时，不能在测量的同时换挡，尤其是在测量高电压或大电流时更应注意，否则会使万用表毁坏。如需换挡，应先断开表笔，换挡后再去测量。

d. 在对被测数据大小不明时，应先将量程开关，置于最大值，而后由大量程往小量程挡处切换，使仪表指针指示在满刻度的 1/2 以上处即可。

e. 万用表使用完毕，应将转换开关置于交流电压的最大挡。如果长期不使用，还应将万用表内部的电池取出来，以免电池腐蚀表内其他器件。

5. 卷尺

① **定义**：又称鲁班尺，是一种软性的测量工具。

② **作用**：主要用来测量房屋的净高、净宽和橱柜等的尺寸。

③ **功能**：检测预留空间是否合理，设计大小是否一致。

④ **使用要点**。卷尺量尺寸时，有两种量法。一种是挂在物体上，一种是顶到物体上。两种量法的差别就是卷尺头部铁片的厚度。

6. 直角尺

① **定义**：是一种专业量具，简称为角尺，在有些场合还被称为靠尺。

② **作用**：用于检测工件的垂直度及工件相对位置的垂直度，有时也用于划线。

③ **功能**：适用于机床、机械设备及零部件的垂直度检验，安装加工定位，划线等。

④ **使用要点**。使用时，需要将直角尺放在墙角或门窗内角，看其两条边是否和尺的两边吻合，如果吻合则说明墙角或边角是呈直角状态。

7. 塞尺

① **定义**：又称测微片或厚薄规。

② **作用**：用于检验间隙的测量器具。

③ **功能**：横截面为直角三角形，在斜边上有刻度，利用锐角正玄直接将短边的长度表示在斜边上，这样就可以直接读出缝的大小。

④ **使用要点**。

a. 使用前必须先清除塞尺和工件上的污垢与灰尘。

b. 测量时，应先用较薄的一片塞尺插入被测间隙内，若仍有空隙，则挑选较厚的依次插入，直至恰好塞进而不松不紧，该片塞尺的厚度即为被测间隙大小。若没有所需厚度的塞尺，可取若干片塞尺相叠代用，被测间隙即为各片塞尺尺寸之和，但误差较大。使用中根据结合面的间隙情况选用塞尺片数，但片数愈少愈好。

c. 由于塞尺很薄，容易折断，测量时不能用力太大，以免塞尺遭受弯曲和折断；使用后应在表面涂以防锈油，并收回到保护板内。

d. 不能测量温度较高的工件。

了解验收阶段及误区，
谨慎对待不被骗

装修质量监控是家庭装修的重要步骤，对装修中的各个部分进行阶段性控制，可以避免装修后期一些质量问题的出现。同时避开验收误区，谨慎对待验收过程，对家庭装修的整体质量来说同样至关重要。

1. 不同阶段验收重点

（1）装修初期质量验收

初期验收最重要的是检查进场材料（如腻子、胶类等），是否与合同中预算单上的材料一致，尤其要检查水电改造材料（电线、水管）的品牌是否属于前期确定的品牌，避免进场材料中掺杂其他材料影响后期施工。如果业主发现进场材料与合同中的品牌不同，则可以拒绝在材料验收单上签字，直至与装修公司协商解决后再签字。

（2）装修中期质量验收

一般装修进行 15 天左右就可进行中期验收（别墅施工时间相对较长），中期验收分为第一次验收与第二次验收。中期工程是装修验收中最复杂的步骤，其验收是否合格将会影响后期多个装修项目的进行。

主要包括： 给水排水管道的施工验收、电气工程施工验收、吊顶工程施工验收、裱糊工程施工验收、花饰工程施工验收、板块面层施工质量验收、木制地板安装施工验收、塑料板面层施工质量验收等。

（3）装修后期质量验收

后期控制相对中期验收来说比较简单，主要是对中期项目的收尾部分进行验收。如木制品、墙面、顶面，业主可对其表面油漆、涂料的光滑度、是否有流坠现象以及颜色是否一致进行检验。

2. 常见的家装验收误区

（1）重结果不重过程

有些业主甚至包括一些公司的工程监理，对装修过程中的检验不是很重视，很少到工地上去看，以至于到了工程完工之后，再来验收所有工程，这时候的水电等隐蔽工程早已做好，再要验收就很难了。

（2）验收所有环节都是统一标准

家居装修的验收，最后的验收标准并不是统一固定不变的。普通地板验收和地热地板的验收标准是不同的，而且验收的程序也有一些区别。所以，不必相信验收前知晓的各种标准，而是要根据不同的装修情况来进行验收。

（3）验收时只看重美观程度

对装修好的房子进行验收的时候，许多人会看重表面，以为表面美观、平整、无缝隙等就是好的装修。其实看外观，只是验收的一个步骤，实际的装修质量才是关键。如涉及墙面验收，并非越光滑越好；地板验收，也并不一定只看表面纹理是否一致就可以。墙面和地板的验收，需要看其铺贴的效果以及其环保性能等情况。

（4）试水打压只打一次

为了省时省力，在做试水打压实验时，测试只打一次压就了事是不对的，这样的做法不能很好地检查出施工的质量。要进行多次的试压试验，第一次打压将空气排出，再次打压逐渐测试管道的承受能力。如果水管无渗透情况，待水压稳定后，看压力下降不超过 0.05 兆帕才为合格。

（5）忽略室内空气质量检验

对于装修后的室内空气质量，尽管装修公司在选择材料的时候都用有国家环保认证的装修材料，但是因为目前市场上的任何一款材料，都或多或少地有一定的有害物质，所以在装修的过程中，难免会产生一定的空气污染。有条件的家庭最好在装修完毕之后做室内空气质量检测，检验检测、治理合格之后再入住。

弄清主要验收项目，预防不到位施工

在整个装修过程中，涉及的施工项目非常之多，一般业主在验收时不可能做到面面俱到，但也要把握住关键项目进行验收，学会基本的验收常识，才能在装修中有所预防，才能避免日后因为验收不到位而出现大大小小的问题，才能控制预算开支。

1. 电路施工质量验收

序号	验收标准	是	否
1	所有房间灯具使用正常		
2	所有房间电源及空调插座使用正常		
3	所有房间电话、音响、电视、网络使用正常		
4	有详细的电路布置图，标明导线规格及线路走向		
5	灯具及其支架牢固端正，位置正确，有木台的安装在木台中心		
6	导线与灯具连接牢固紧密，压板连接时无松动、水平无斜；螺栓连接时，在同一端上的导线不超过两根，防松垫圈等配件齐全		

2. 水路施工质量验收

序号	验收标准	是	否
1	管道工程施工符合工艺要求外，还应符合国家有关标准规范		
2	给水管道与附件、器具连接严密，经通水实验无渗水		
3	排水管道无倒坡、无堵塞、无渗漏，地漏篦子应略低于地面		
4	卫生器具安装位置正确，器具上沿要水平端正牢固		
5	阀门方面：低进高出，沿水流方向		
6	管检验压力，管壁应无膨胀、无裂纹、无泄漏		
7	明管、主管管外皮距墙面距离一般为 2.5 ~ 3.5 厘米		
8	冷热水间距一般不小于 150 ~ 200 毫米		
9	卫生器具采用下供水，甩口距地面一般为 350 ~ 450 毫米		
10	洗脸盆、台面距地面一般为 800 毫米，沐浴器为 1800~2000 毫米		
11	管材外观颜色一致，无色泽不均匀及分解变色线；内外壁应光滑、平整无气泡、裂口、裂纹、脱皮、痕纹及碰撞凹陷。公称外径不大于 32 毫米，盘管卷材调直后截断面应无明显椭圆变形		

3. 马赛克施工质量验收

序号	验收标准	是	否
1	马赛克粘贴必须牢固		
2	满粘法施工的马赛克工程无空鼓、裂缝		
3	马赛克的品种、规格、颜色和性能符合设计要求		
4	阴阳角处搭接方式、非整砖使用部位应符合要求		
5	马赛克表面平整、洁净，色泽一致，无裂痕和缺损		

4. 陶瓷墙砖施工质量验收

序号	验收标准	是	否
1	陶瓷墙砖的品种、规格、颜色和性能符合设计要求		
2	满粘法施工的陶瓷墙砖工程无空鼓、裂缝		
3	瓷砖表面平整、洁净，色泽一致，无裂痕和缺损		
4	阴阳角处搭接方式、非整砖的使用部位符合设计要求		
5	墙面突出物周围的陶瓷墙砖应整砖套割吻合，边缘整齐		
6	墙裙、贴脸突出墙面的厚度一致		
7	接缝平直、光滑，填嵌连续、密实；宽度和深度应符合要求		

5. 隔墙施工质量验收

序号	验收标准	是	否
1	木龙骨及木墙面板的防火和防腐处理符合设计要求		
2	墙面板所用接缝材料的接缝方法应符合设计要求		
3	骨架隔墙上的孔洞、槽、盒位置正确，套割吻合，边缘整齐		
4	骨架隔墙内的填充材料应干燥，填充应密实、均匀、无下坠		
5	边框龙骨与基体结构连接牢固，并平整、垂直、位置正确		
6	隔墙表面平整光滑、色泽一致、无裂缝，接缝均匀、顺直		
7	骨架隔墙中龙骨间距和构造连接方法符合设计要求		
8	骨架内设备管线的安装、门窗洞口等部位加强龙骨应安装牢固、位置正确，填充材料的设置符合设计要求		

📋 6. 墙面抹灰质量验收

序号	验收标准	是	否
1	抹灰前基层表面无尘土、污垢等杂物，并应浇水湿润		
2	一般抹灰所用的材料的品种和性能符合设计要求		
3	护角、孔洞、槽、盒周围的抹灰表面应整齐、光滑；管道后面的抹灰表面应平整		
4	抹灰层与基层之间及各抹灰层之间黏结牢固，抹灰层无脱层、空鼓，面层无爆灰和裂缝		
5	抹灰分格缝的设置符合设计要求，宽度和深度均匀，表面应光滑，棱角整齐		
6	水泥砂浆不得抹在石灰砂浆上，罩面石膏灰不得抹在水泥砂浆层上		
7	有排水要求的部位做滴水线（槽），滴水线（槽）应整齐平顺、内高外低，滴水槽的宽度和深度均应不小于 10 米		
8	普通抹灰表面光滑、平整，分格缝清晰；高级抹灰表面光滑、颜色均匀、无抹纹，分格缝和灰线清晰美观		
9	当抹灰总厚度大于或等于 35 毫米时，应采取加强措施。不同材料基体交接处表面的抹灰，采取防止开裂的加强措施，当采用加强网时，加强网与各基体的搭接宽度不小于 100 毫米		

📋 7. 乳胶漆施工质量验收

序号	验收标准	是	否
1	所用乳胶漆的品种、型号和性能符合设计要求		
2	墙面涂刷的颜色、图案符合设计要求		
3	墙面应涂饰均匀、黏结牢固，不得漏涂、透底、起皮和掉粉		
4	基层处理符合要求		

序号	验收标准	是	否
5	表面颜色应均匀一致		
6	不允许或允许少量轻微出现泛碱、咬色等质量缺陷		
7	不允许或允许少量轻微出现流坠、疙瘩等质量缺陷		
8	不允许或允许少量轻微出现砂眼、刷纹等质量缺陷		

8. 木材表面涂饰施工质量验收

序号	验收标准	是	否
1	所用涂料的品种、型号和性能符合要求		
2	木材表面涂饰工程的表面颜色均匀一致		
3	木材表面涂饰工程的颜色、图案符合要求		
4	工程中不允许出现流坠、疙瘩、刷纹等问题		
5	装饰线、分色直线度的尺寸偏差不得大于1毫米		
6	木材表面涂饰工程的光泽度与光滑度符合设计要求		
7	涂饰均匀、黏结牢固，不得漏涂、透底、起皮和掉粉		

9. 大理石饰面板施工质量验收

序号	验收标准	是	否
1	石材表面无泛碱等污染		
2	后置埋件的现场拉拔强度符合设计要求		
3	大理石饰面板上的孔洞套割吻合，边缘整齐		
4	大理石饰面板的品种、规格、颜色和性能符合要求		

序号	验收标准	是	否
5	大理石饰面板的表面平整、洁净、色泽一致，无裂痕和缺损		
6	嵌缝密实、平直，宽度和深度符合设计要求，嵌填材料色泽一致		
7	安装工程的预埋件、连接件的数量、规格、位置、连接方法和防腐处理符合设计要求		
8	采用湿作业法施工的大理石饰面板工程，石材应进行防碱背涂处理，饰面板与基体之间的灌注材料饱满密实		

10. 木质饰面板施工质量验收

序号	验收标准	是	否
1	木质饰面板的孔、槽数量、位置及尺寸符合要求		
2	木质饰面板的表面应平整、洁净、色泽一致，无裂痕和缺损		
3	木质饰面板的嵌缝密实、平直，宽度和深度符合设计要求，嵌填材料色泽一致		
4	木质饰面板的品种、规格、颜色和性能符合设计要求，木龙骨、木质饰面板的燃烧性能等级符合要求		

11. 壁纸裱糊施工质量验收

序号	验收标准	是	否
1	壁纸边缘平直整齐，不得有纸毛、飞刺		
2	壁纸的阴角处搭接顺光，阳角处无接缝		
3	壁纸与各种装饰线、设备线盒等交接严密		
4	复合压花壁纸的压痕及发泡壁纸的发泡层无损坏		
5	壁纸应粘贴牢固，不得有漏贴、补贴、脱层、空鼓和翘边		

续表

序号	验收标准	是	否
6	壁纸的种类、规格、图案、颜色和燃烧性能等级符合要求		
7	裱糊后各幅拼接横平竖直，拼接处花纹、图案吻合、不离缝、不搭接，且拼缝不明显		
8	裱糊后壁纸表面平整，色泽应一致，不得有波纹起伏、气泡、裂缝、褶皱和污点，且斜视无胶痕		

12. 软包施工质量验收

序号	验收标准	是	否
1	清漆涂饰木制边框的颜色、木纹协调一致		
2	软包工程的安装位置及构造做法符合要求		
3	单块软包面料不应有接缝，四周绷压严密		
4	软包工程的龙骨、衬板、边框应安装牢固，无翘曲，拼缝平直		
5	软包工程表面平整、洁净，无凹凸不平及褶皱；图案清晰、无色差，整体协调美观		
6	软包边框平整、顺直、接缝吻合，其表面涂饰质量符合涂饰工程的有关规定		
7	软包面料、内衬材料及边框的材质、图案、颜色、燃烧性能等级和木材的含水率必须符合要求		

13. 吊顶施工质量验收

序号	验收标准	是	否
1	木质龙骨平整、顺直、无劈裂		
2	明龙骨吊顶工程的吊杆和龙骨安装必须牢固		

序号	验收标准	是	否
3	吊顶的标高、尺寸、起拱和造型符合设计的要求		
4	石膏板的接缝应按其施工工艺标准进行板缝防裂处理		
5	饰面材料的材质、品种、规格、图案和颜色符合设计要求		
6	暗龙骨吊顶工程的吊杆、龙骨和饰面材料的安装必须牢固		
7	当饰面材料为玻璃板时，使用安全玻璃或采取可靠的安全措施		
8	吊杆、龙骨的材质、规格、安装间距及连接方式符合设计要求		
9	金属吊杆、龙骨进行表面防腐处理；木龙骨进行防腐、防火处理		
10	安装双层石膏板时，面板层与基层板的接缝应错开，并不得在同一根龙骨上接缝		
11	金属龙骨的接缝平整、吻合、颜色一致，不得有划伤、擦伤等表面缺陷		
12	饰面材料的安装稳固严密。饰面材料与龙骨的搭接宽度大于龙骨受力面宽度的 2/3		
13	饰面板上的灯具、烟感器、喷淋等设备的位置合理、美观，与饰面板的交接严密吻合		
14	吊顶内填充吸声材料的品种和铺设厚度符合设计要求，并有防散落措施		
15	饰面材料表面洁净、色泽一致，不得有曲翘、裂缝及缺损。饰面板与明龙骨的搭接平整、吻合，压条平直、宽窄一致		

14. 陶瓷地面砖施工质量验收

序号	验收标准	是	否
1	面层与下一层的结合（黏结）牢固，无空鼓		
2	踢脚线表面洁净、高度一致、结合牢固、出墙厚度一致		

续表

序号	验收标准	是	否
3	面层邻接处的镶边用料及尺寸符合设计要求，边角整齐且光滑		
4	面层表面的坡度符合设计要求，不倒泛水、无积水，与地漏、管道结合处严密牢固，无渗漏		
5	砖面层的表面洁净、图案清晰、色泽一致、接缝平整、深浅一致、周边直顺。板块无裂纹、掉角和缺棱等缺陷		
6	楼梯踏步和台阶板块的缝隙宽度一致、齿角整齐。楼段相邻踏步高度差不应大于 10 毫米，且防滑条顺直		

15. 石材地面施工质量验收

序号	验收标准	是	否
1	面层与下一层的结合（黏结）牢固，无空鼓		
2	踢脚线表面洁净、高度一致、结合牢固、出墙厚度一致		
3	大理石、花岗岩面层所用板块的品种、质量符合设计要求		
4	面层表面的坡度符合设计要求，不倒泛水、无积水，与地漏、管道结合处严密牢固，无渗漏		
5	砖面层的表面洁净、图案清晰、色泽一致、接缝平整、深浅一致、周边直顺。板块无裂纹、掉角和缺棱等缺陷		
6	楼梯踏步和台阶板块的缝隙宽度一致、齿角整齐。楼段相邻踏步高度差不应大于 10 毫米，且防滑条顺直		

16. 实木地板铺设质量验收

序号	验收标准	是	否
1	木格栅安装牢固、平直		
2	面层铺设应牢固、黏结无空鼓		
3	木格栅、垫木和毛地板等做防腐、防蛀处理		

续表

序号	验收标准	是	否
4	面层缝隙严密、接缝位置应错开、表面要洁净		
5	实木地板面层所采用的材质和铺设时的木材含水率符合要求		
6	木地板面层所采用的条材和块材，其技术等级及质量应符合要求		
7	拼花地板的接缝对齐、粘钉严密。缝隙宽度均匀一致。表面洁净、无溢胶		
8	实木地板的面层刨平、磨光，无明显刨痕和毛刺等现象。实木地板的面层图案清晰、颜色均匀一致		

🗸 17. 复合地板铺设质量验收

序号	验收标准	是	否
1	面层铺设牢固、黏结无空鼓		
2	踢脚线表面光滑、接缝严密、高度一致		
3	强化复合地板面层所采用的材料，其技术等级及质量应符合要求		
4	强化复合地板面层的颜色和图案符合设计要求。图案清晰、颜色均匀一致、板面无翘曲		

🗸 18. 塑钢门窗安装质量验收

序号	验收标准	是	否
1	推拉门窗扇有防脱落措施		
2	推拉门窗扇的开关力不大于 100 牛		
3	滑撑铰链的开关力不大于 80 牛，并不小于 30 牛		
4	平开门窗扇开关灵活，平铰链的开关力不大于 80 牛		
5	内衬增强型钢的壁厚及设置符合质量要求		

序号	验收标准	是	否
6	塑钢门窗扇开关灵活、关闭严密，无倒翘		
7	塑钢门窗表面洁净、平整、光滑、大面无划痕、碰伤		
8	塑钢门窗扇的密封条不得脱槽、旋转窗间隙基本均匀		
9	固定片或膨胀螺栓的数量与位置正确，连接方式符合要求		
10	窗框必须与拼樘料连接紧密，固定点间距不应大于600毫米		
11	固定点距穿角、中横框、中竖框150~200毫米，固定点间距不大于600毫米		
12	塑钢门窗配件的型号、规格、数量符合设计要求，安装牢固，位置正确，功能满足使用要求		
13	塑钢门窗的品种、类型、规格、开启方向、安装位置、连接方法及填嵌密封处理符合要求		
14	塑钢门窗框与墙体间的缝隙采用闭孔弹性材料填嵌饱满，表面采用密封胶密封，密封胶黏结牢固，表面光滑、顺直、无裂纹		
15	塑钢门窗拼樘料内衬增强型钢的规格、壁厚必须符合要求，型钢与型材内腔紧密吻合，其两端必须与洞口固定牢固		

19. 木门窗安装质量验收

序号	验收标准	是	否
1	木门窗扇安装牢固，并开关灵活、关闭严密无倒翘		
2	门窗框预埋木砖的防腐处理、木门窗框固定点的数量、位置及固定方法符合要求		
3	木门窗的品种、类型、规格、开启方向、安装位置及连接方法符合要求		
4	木门窗配件的型号、规格、数量符合设计要求，安装牢固、位置正确，功能满足使用要求		
5	木门窗与墙体间缝隙的填嵌材料符合设计要求，填嵌饱满。寒冷地区外门窗（或门窗框）与砌体间的空隙填充保温材料		

🏠 20. 铝合金门窗安装质量验收

序号	验收标准	是	否
1	铝合金门窗推拉门窗扇开关力不大于 100 牛		
2	铝合金门窗的防腐处理及填嵌、密封处理应符合要求		
3	门窗扇的橡胶密封条或毛毡密封条安装完好，不得脱槽		
4	有排水孔的铝合金门窗排水孔应畅通，位置和数量符合设计要求		
5	铝合金门窗框预埋件的数量、位置、埋设方式、与框的连接方式符合要求		
6	铝合金门窗扇必须安装牢固，并开关灵活、关闭严密无倒翘。推拉门窗扇有防脱落措施		
7	铝合金门窗配件的型号、规格、数量符合设计要求，安装牢固，位置应正确，功能应满足使用要求		
8	铝合金门窗框与墙体之间的缝隙填嵌饱满，并采用密封胶密封。密封胶表面光滑、顺直、无裂纹		
9	铝合金门窗表面洁净、平整、光滑、色泽一致、无锈蚀，表面应无划痕、碰伤。漆膜或保护层应连续		
10	铝合金门窗的品种、类型、规格、开启方向、安装位置、连接方法及铝合金门窗的型材壁厚符合设计要求		

🏠 21. 橱柜安装质量验收

序号	验收标准	是	否
1	厨房设备安装前的检验		
2	吊柜的安装应根据不同的墙体采用不同的固定方法		
3	水龙头要求安装牢固，上水连接不能出现渗水现象		
4	安装灶台，不得出现漏气现象，安装后用肥皂沫检验是否安装完好		
5	安装不锈钢水槽时，应保证水槽与台面连接缝隙均匀、不渗水		

续表

序号	验收标准	是	否
6	安装洗物柜底板下水孔处要加塑料圆垫，下水管连接处应保证不漏水、不渗水，不得使用各类胶粘剂连接接口部分		
7	抽油烟机的安装，要注意吊柜与抽油烟机罩的尺寸配合，应达到协调统一		
8	底柜安装应先调整水平旋钮，保证各柜体台面、前脸均在一个水平面上，两柜连接使用木螺钉，后背板通管线、表、阀门等应在背板划线打孔		

22. 洗手盆安装质量验收

序号	验收标准	是	否
1	洗手盆产品平整无损裂		
2	排水栓有不小于 8 毫米直径的溢流孔		
3	洗手盆与排水管连接后牢固密实，且便于拆卸，连接处不得敞口		
4	托架固定螺栓可采用不小于 6 毫米镀锌开脚螺栓或镀锌金属膨胀螺栓（如墙体是多孔砖，则严禁使用膨胀螺栓）		
5	排水栓与洗手盆连接时，排水栓溢流孔尽量对准洗手盆溢流孔，以保证溢流部位畅通，镶接后排水栓上端面低于洗手盆底		
6	洗手盆与墙面接触部用硅膏嵌缝。如洗手盆排水存水弯和水龙头是镀铬产品，在安装时不得损坏镀层		

23. 浴缸安装质量验收

序号	验收标准	是	否
1	安装时不损坏镀铬层，镀铬罩与墙面紧贴		
2	淋浴器高度可按有关标准或按用户需求安装		
3	浴缸上口侧边与墙面结合处用密封膏填嵌密实		
4	浴缸安装上平面必须用水平尺校验平整，不得侧斜		

续表

序号	验收标准	是	否
5	其他各类浴缸可根据有关标准或用户需求确定浴缸上平面高度		
6	各种浴缸冷、热水龙头或混合龙头其高度应高出浴缸上平面 150 毫米		
7	浴缸排水与排水管连接应牢固密实，且便于拆卸，连接处不得敞口		
8	如浴缸侧边砌裙墙，应在浴缸排水处设置检修孔或在排水端部墙上开设检修孔		
9	在安装裙板浴缸时，其裙板底部应紧贴地面，楼板在排水处应预留 250~300 毫米洞孔，便于排水安装，在浴缸排水端部墙体设置检修孔		

24. 坐便器安装质量验收

序号	验收标准	是	否
1	冲水箱内溢水管高度低于扳手孔 30~40 毫米		
2	带水箱及连体坐便器水箱后背部离墙不大于 20 毫米		
3	坐便器的安装应用不小于 6 毫米的镀锌膨胀螺栓固定，坐便器与螺母间应用软性垫片固定，污水管露出地面 10 毫米		
4	安装时不得破坏防水层，已经破坏或没有防水层的，要先做好防水，并经 24 小时积水渗漏试验		
5	给水管安装角阀高度一般距地面至角阀中心为 250 毫米，如安装连体坐便器应根据坐便器进水口离地高度而定，但不小于 100 毫米，给水管角阀中心一般在污水管中心左侧 150 毫米或根据坐便器实际尺寸定位		

25. 窗帘盒（杆）安装质量验收

序号	验收标准	是	否
1	窗帘盒（杆）配件的品种、规格符合设计要求，安装牢固		
2	窗帘盒（杆）的造型、规格、尺寸、安装位置和固定方法符合要求窗帘盒（杆）的安装牢固		

续表

序号	验收标准	是	否
3	窗帘盒（杆）的表面平整、洁净、线条顺直、接缝严密、色泽一致，不得有裂缝、翘曲及损坏		
4	窗帘盒（杆）施工所使用的材料的材质及规格、木材的燃烧性能等级和含水率、人造板材的甲醛含量符合要求和国家规定		

26. 开关、插座安装质量验收

序号	验收标准	是	否
1	插座使用的漏电开关动作灵敏可靠		
2	开关切断火线，插座的接地线单独敷设		
3	插座的接地保护线措施及火线与零线的连接位置符合规定		
4	开关、插座的安装位置正确。盒子内清洁，无杂物，表面清洁、不变形，盖板紧贴建筑物的表面		
5	明开关、插座的底板和暗装开关、插座的面板并列安装时，开关、插座的高度差允许值为 ±0.5 毫米；同一空间的高度差为 ±5 毫米		

27. 地漏安装质量验收

序号	验收标准	是	否
1	地漏四周光滑、平整		
2	地漏水封高度达到 50 毫米		
3	地漏箅子的开孔孔径应是 6~8 毫米		
4	地漏低于地面 10 毫米左右，排水流量不能太小		
5	注意整修排水预留孔，使其和买回来的地漏吻合		
6	如果安装的是多通道地漏，应注意地漏的进水口不宜过多，一般有两个进水口就可以满足使用需要了		

掌握监工必要细节，
杜绝猫腻隐患

装修施工整个过程中要随时进行监工，除了在验收时要把控质量，在装修进行当中也要实时进行监工，这样既能避免日后出现诸多返工工程，节约了更多的时间，也能节约不少预算开支。将监工与验收要点同时把握住，也等同于有了双重保障，让装修能够进行或结束得更加圆满。

1. 水电改造中需要监工的细节

（1）监督施工人员不乱用下水管道

如果施工现场有未封闭的下水管道，有些施工人员会习惯性地将垃圾倒进去，这样就不用费力地将其扛到楼下。

监管重点：在装修前，业主需要把装修过程中可能用得到的所有管道都做好保护工作。在水路施工完毕后，将所有水盆、洗手池和浴缸注满水，然后同时放水，检查下水管是否通畅。

（2）监督电线穿管再埋墙

这一环节业主一定要现场亲自监工，因为等到封槽后再检验通常是发现不了问题的；即使发现了问题，也常会被施工人员找种种借口敷衍。到入住后发现问题再返工，其繁琐程度更大。

监管重点：电线一定要套管后再埋入槽内。穿线管应用阻燃 PVC 线管，如果预算充裕，也可以选择专用的镀锌管。

（3）电源线与信号线不能铺同管

网线与照明电线、电话线虽然都是电线，但照明电线属于强电，而电话线和网线属于弱电，如果将强电和弱电放在一根套管内，容易造成线路干扰。

> **监管重点：**业主要先分辨清楚哪些是电话线和网线，然后在施工人员施工时监督强弱电是否分开走线，严禁强弱电共用一根套管和一个底盒，同时保持至少30厘米的距离。

（4）电视墙提前预留线

开发商一般只在电视墙的下部留下一个插座，甚至根本不留插座。而一些施工人员在业主没有明确表示的情况下，会遗漏插座的安装，结果导致业主想悬挂电视时只能从墙底部连接很多线到电视，电线暴露在外，影响美观。

> **监管重点：**现在的电视除了要连接电源线之外，还要连接机顶盒及DVD机等，如果业主想在电视挂到墙上后看不到这些连线，就需要在电路改造时要求施工人员预先在墙里连接至少两组这样的线，设置在距地面1.5厘米左右的位置。

（5）空气开关保障人身安全

空气开关是一种只要有短路过载现象就会跳闸的开关，通常用于大功率电器以及电热水器等涉及人身安全的地方。空气开关施工要求严格，一旦安装不规范，就很容易产生一有问题就跳闸的现象。

> **监管重点：**电路施工完毕后应进行24小时满负荷运行试验，开启所有的电器，经检验合格后方能验收使用。

（6）水管敷设重在规范

水管敷设的基本原则是"走顶不走地，开竖不开横"，如果为了省事在地面敷设水管，一旦敷设不到位，很容易发生漏水事故，且不容易检修，维修成本较高。

> **监管重点：**水管从房顶布置最安全，从长远投资来看，如果发生漏水现象，能够及时发现，且检修方便，损失也较小；开槽要竖开，可以在遇到需要出水的地方，向下开竖槽到合适的高度，预留好出水口，这样可以根据出水口的位置判断出水管的走向。

☞ 2. 厨房装修中需要监工的细节

（1）制作吊柜提前测量

不论是购买整体橱柜还是打制橱柜，都需要业主事先规划好家用电器的摆放位置。特别是购买油烟机一定要在测量橱柜尺寸之前进行，以便测量橱柜尺寸时准确地预留出油烟机的位置。因为油烟机安装好之后可以摘下来放置一边，并不影响其他工程的进程；而先定橱柜再购买安装油烟机，会造成二者之间出现较大的缝隙，从而影响厨房的美观。

监管重点： 不要轻易相信施工人员靠经验预留的尺寸，因为施工人员通常是按市面上能见到的最大油烟机的尺寸预留的，按施工人员预留的尺寸来设计虽然能装下业主购置的油烟机，但肯定会出现缝隙。因此一定要在施工前确定好厨房家电的尺寸。

（2）石材台面铺设条衬防开裂

人造石台面由于自重大，在制作时需要用大芯板或实木条打底，否则台面难以承受在其上用力地剁、砍等操作产生的冲击，容易导致台面开裂。

监管重点： 注意施工人员施工时是否在人造石台面安装之前，在地柜顶部用大芯板或实木条进行打底。

（3）施工人员自带玻璃胶质量低劣易发霉

玻璃胶常用于橱柜、墙面等有缝处的修补，好的玻璃胶能够预防发霉变黑。有些施工人员在安装橱柜时会使用随身携带的玻璃胶，这些玻璃胶往往质量低劣，使用一段时间后会发霉变黑，影响室内美观。

监管重点： 玻璃胶的填补往往是安装的最后一道程序，因此建议业主尽量亲自监工，如果可以，不妨自己提前购买好玻璃胶。

3. 卫浴间装修中需要监工的细节

（1）卫浴间防水要全面

在装修中增加洗浴设施，及对多种上下水管线进行重新布局或移动，都会破坏原有的防水层，施工人员对此如果没有及时进行修补或重新做防水施工的话，就会产生局部漏水。

监管重点： 业主在监督时要注意卫浴间的地面和墙面返高不低于1.8米或满做，墙地面之间的接缝以及上下水管与地面的接缝处也要涂刷到位。

卫浴间整个地面和四周离地30厘米的墙面做防水

（2）地漏安装重点检查密封性

地漏虽小，但是其性能的好坏不仅会影响室内空气的质量，甚至将影响生活的质量。一些施工人员对地漏与地面之间的缝隙不做密封处理，容易导致异味从缝隙间散发。

监管重点： 施工时要检查地漏位置是否为地面的最低处，可以通过目测及工具测量，这样可保证日后不会积水。同时要在地漏接口处用玻璃胶将缝隙封住，使气味无法散发出来。

（3）下水管包管应做隔声处理

如果业主追求比较安静的私密空间，那么包管做隔声处理是很有必要的。有时候施工人员偷工减料，不做隔声处理，只密封吊顶位置，导致楼上排污水时的流水声充斥卫浴间。

监管重点： 在施工时要注意卫浴间的下水管道应该全部封闭，不能只作局部处理，下水管四周要用隔声板或隔声棉材料对管道进行多层包装处理，最后再用轻钢龙骨或轻体砖围砌。

第十章
软装配饰挑选明确，把控预算浮动

在家居装饰中，后期软装配饰是为家居环境提升美观度的点睛之笔。家居饰品可以根据居室空间的大小形状、主人的生活习惯、品味情趣和经济能力，从整体上综合策划装饰设计方案，由此进一步完善理想中的住宅。

了解家具选购要点，买到质美价廉的好物

准备购买家具之前，需了解选购家具的一些基本常识，如美观性、实用性如何兼顾，不同空间选择的家具也有不同，以及材质不同的家具在选购时需要注意的问题也很多。只有弄清楚家具选购的关键点，才能有效控制预算，同时又能买到实用的家具。

1. 家具选购原则

（1）实用原则

① 舒适性放在第一位。有些家具为了追求造型感，用了很多不实用的材料制造，看上去充满新鲜感，但无论坐着还是躺着都不舒服，这种家具摆设性往往大于实用性，在购买时要谨慎考虑。

② 考虑生活习惯。选择家具时不要只顾追求样式上的好看而忽略实用功能。有的人习惯将衣服分类，但买回来的衣柜虽然造型漂亮，却没有足够的空间将各类衣服分开摆放，这样的设计极不合理又浪费空间。

（2）细节原则

① 查看五金件的基本工艺。例如表面是否粗糙、是否能够活动自如、有没有不正常的噪声等。

② 用来装饰的五金配件与家具相协调。像门把手这类五金件不但有其功能性，也有一定的装饰性，所以颜色、质地都要与家具相协调。同时也要注意不同的功能空间，所使用的装饰五金材质也不同。

③ 不要盲目相信"进口货"。要注意看五金件是否与家具的档次匹配，如果类似的产品无法分辨，可以用手掂一下分量，分量重的相对用料就比较好。

（3）空间原则

空间较大时可以选择一些尺寸较大的整体家具，这样不但实用，也能凸显出空间感；空间有限时，一定不要选择尺寸过大的家具，否则会让空间产生拥挤感。

2. 常见家具选购要点

（1）木质框式家具

① 查看尺寸是否准确，尽量用卷尺进行测量核实。

② 家具表面油漆是否平滑光洁，有无凸起砂粒和疵斑。然后可以查看选材是否优质高强，框架用材是否细密结实，无霉斑节疤。用材是否干燥，用手摸无潮湿感，表面无裂口、无翘曲变形、无脱损。

③ 合页、插销等小五金件要齐全、安装牢固，使用灵活。抽屉底板应插装于侧板的开槽中，侧板、背板和面板均卯榫相接，而不允许仅用钉子钉装。

④ 带有镜面的家具应有背板，镜背应涂防潮漆，防止镜面水银脱落，镜面应平滑光洁、不失真。

（2）木质板式家具

① 木质板式家具材质以木芯板最佳，中密度板次之，刨花板最差。复合板用蜂窝纸心胶合，质量轻，不变形，但四周必须有结实的木方，否则无法固定连接件。

② 观察板面是否光洁平滑，表面有无霉斑、划痕、毛边、边角缺损。

③ 查看家具拼接效果时要注意拼接角度是否为直角，拼装是否严丝合缝，抽屉、门的开启是否灵活，关闭是否严实。

④ 拆装式家具在拼装前要检查连接件的质量，制作尺寸是否规矩，是否固定牢靠、结合紧密。

（3）金属家具

① 金属家具镀铬要清新光亮，烤漆要色泽丰润，无锈斑、掉漆、碰伤、划伤等现象。

② 底座落地时应放置平稳，折叠平直，使用方便、灵活。

③ 金属家具的焊接处应圆滑一致，电镀层要无裂纹、无麻点，焊接点要无疤痕、无气孔无砂眼、无开焊及漏焊等现象。金属家具的弯曲处应无明显褶皱，无突出硬棱。

④ 家具的螺钉、钉子要牢固，钉子处应光滑平整，无毛刺、无松动、焊接处周围不应该有外向锤伤。

⑤ 好的金属家具管壁的厚度通常为 1.2 毫米或 1.5 毫米。很多家具偷工减料，采用 1.0 毫米的管厚，尽量不要购买，要选择设计结构合理，坐感平稳、舒适的家具。

⑥ 金属椅子可以通过测量两腿之间的距离是否一致来辨别此家具是否结构合理；而钢木结合的金属家具还要注意木材的材质和环保性。某些金属（如铁等）受潮易氧化，则不适合居住于高湿度地区的家庭使用，选购时应向商家询问是否经过防潮处理以供参考。

（4）藤编家具

① 如果藤材表面起褶皱，说明该家具是用幼嫩的藤加工而成，韧性差、强度低，容易被折断和腐蚀。

② 藤艺家具用材比较讲究，除用云南的藤以外，好多藤材来自印度尼西亚、马来西亚等东南亚国家，这些藤质地坚硬，首尾粗细一致。

③ 在购买时可以用手掌在家具表面拂拭一遍，如果很光滑，没有扎手的感觉就可以，也可以用双手抓住藤家具边缘，轻轻摇一下，感觉一下框架是不是稳固。

④ 观察家具表面的光泽是不是均匀，是否有斑点、异色和虫蛀的痕迹。

（5）布艺家具

① 布艺家具的框架应是超稳定结构、干燥的硬木，不应有突起，但边缘处应有滚边以突出家具的形状。

② 主要连接处要有加固装置，通过胶水和螺钉与框架相连，无论是插接、黏结、螺栓连接还是用销子连接，都要保证每一处连接牢固以确保使用寿命。

③ 独立弹簧要用麻线拴紧，在布艺家具承重弹簧处应有钢条加固弹簧，固定弹簧的织物应不易被腐蚀且无味，覆盖在弹簧上的织物也应具有同样的特性。

④ 防火聚酯纤维层应设在布艺家具座位下，靠垫核心处应是高质量的聚亚安酯，布艺家具背后应用聚丙酯织物覆盖弹簧。为了安全、舒适，靠背也要有与座位一样的要求。另外，布艺家具泡沫周围要填满棉或聚酯纤维以确保舒适度。

（6）玻璃家具

① 玻璃家具最好选择钢化玻璃材质，因为普通强化玻璃承受的最高温度不超过100℃，而钢化玻璃可承受300℃以上的温度。另外，玻璃材质会有自爆的可能性，虽然钢化玻璃的这种可能性非常小，但由于钢化玻璃即使碎裂也是颗粒状的，不会对人造成伤害，所以更为安全。

② 购买玻璃家具时，应仔细查看产品质量，玻璃的厚度、颜色，玻璃里面有无气泡，边角是否光滑、顺直、大面平整。

③ 可以将一张白纸放在玻璃板底下，颜色不变说明玻璃质量上乘，如果白纸泛蓝、泛绿，说明玻璃质量一般。

④ 差的支架主要由钢管焊接螺钉固定，而好的支架由挤压成型的金属材料制成，采用高强度的胶粘剂来黏结，所以质量上乘的玻璃家具找不到焊接的痕迹，造型流畅秀美。

⑤ 如果玻璃家具采用粘贴的技法，一定要关注粘贴所采用的胶水和施胶度，看粘贴面是否光亮，用胶面积是否饱满。

（7）真皮家具

① 观察皮革，线条直而不硬，皮质较粗厚。

② 真皮沙发其实是个泛称，猪皮、马皮、驴皮、牛皮都可以用作沙发原料，要弄清楚用的是什么皮质。其中牛皮皮质柔软、厚实，质量最好，现在的沙发一般采用水牛皮，皮质较粗厚，价格实惠。更好的还有黄牛皮、青牛皮。马皮、驴皮的皮纹与牛皮相似，但表面皮质松弛，时间长了容易剥落，不耐用，所以价格相对便宜。

③ 一般木架都藏在沙发里面，所以可以用手托起沙发感觉一下重量，如果是用包装板、夹板钉成的沙发分量轻，实木架则比较重。

④ 坐在沙发上左右摇晃，感觉其牢固程度。具体可以抬起沙发的一头，当抬起部分离地10厘米时，另一头的腿是否也有翘起，只有另一条腿的一边也翘起，木架质量才算好。

⑤用手去按沙发的扶手及靠背，如果能明显地感觉到木架的存在，则证明此套沙发的填充密度不高，弹性也不够好。轻易被按到的沙发木架会加速沙发外套的磨损，降低沙发的使用寿命。

🏠 3. 选购家具注意事项

（1）购买健康环保的家具

不管是购买哪种类型的家具，在购买的时候，首先要考虑的就是家具是否健康环保。由于家具的使用周期不同，有些家具可能会伴随人的一生，所以在选购家具的时候，一定要选择那些健康环保的家具，这样在后面漫长的使用过程中，才不会对人体造成危害。

（2）购买易安装易拆除的家具

买完家具以后，在后面的使用过程中谁也说不准会不会搬家，所以在购买家具的时候也要考虑这个情况，购买那些容易安装又容易拆除的家具是一个不错的选择！这些家具不仅便于安装，而且在需要拆卸或者挪动的时候也特别方便。

（3）不买气味浓重的家具

在购买家具的时候，如果闻起来有明显的气味，或者是比较刺鼻的气味，最好不要购买。这种味道比较浓重的家具可能是甲醛超标的家具，这样的家具对人体的健康是非常有害的。

（4）色彩要协调

在购买家具的过程中，还要考虑一下整个家庭的色调，家具的色调最好和整个家庭装修的色调达到和谐统一的状态。如果购买儿童家具的话，最好选择一些色彩比较鲜艳，而且颜色看起来比较活泼的家具。

（5）量好各项尺寸

购买家具的时候，还要把各个尺寸都量好，比如屋内房间的长宽，除此之外，在购买餐桌或者是写字柜的时候，要充分测量人体的身高，最好购买那些坐起来高度比较舒适的家具。

（6）保留合同和发票

购买家具的时候还要注意买卖合同，要仔细看一下合同上描述的各个项目和实际的家具是否一样。在购买完家具以后还要索要发票，千万不要拿收据代替发票，因为在后期家具一旦出现问题的时候，发票的法律效力是非常高的。

根据预算合理选择软装，严格把控预算浮动

相同类型的软装饰品，也有不同的材质表现，从而在价格上的差异也很大。在选购软装时除了要考虑是否与家居整体氛围一致，同时也要了解不同类型的软装的价格范围，这样可以在经济能力允许的范围内，选择理想又实用的东西，从而控制预算支出。

1. 家具

（1）不同材质沙发的预算

名称	种类	特点	预算估价
实木沙发	全实木	使用的木材都比较珍贵，具有收藏价值和升值空间，效果典雅高贵，多带有精美的雕花装饰	≥ 8000 元 / 张
	板木结合	框架使用实木，其他部位采用高密度板等板材，价格较低，目前市场上"实木"沙发是主流	≥ 3000 元 / 张
布艺沙发	棉麻布艺	面层材料为天然的棉麻材料，主要有纯色、印刷图案和色织图案三种类型，具有浓郁的自然感	≥ 500 元 / 张
	植绒布艺	采用植绒布包裹面层的沙发类型，具有比较华丽的装饰效果	≥ 1600 元 / 张
	丝绒布艺	丝绒表面类似天鹅绒，具有温暖、舒适的触感，面料的饱和度较高	≥ 1200 元 / 张
	丝光布艺	丝光布料的表面有类似丝绸般的光泽度，手感极其顺滑，装饰效果极佳，通常会与植绒布艺组合使用	≥ 3500 元 / 张

名称	种类	特点	预算估价
皮革沙发	亮面皮	皮革的表面比较光亮，是大多数皮沙发会采用的材质，有天然皮和 PU 皮两种，后者价格低	≥ 500 元 / 张
	麂皮	具有"翻毛皮"质感的皮料，大多数情况下内部会使用羽绒材料进行填充，非常温暖、舒适	≥ 800 元 / 张
金属沙发		框架部分以金属材料为主的沙发类型，坐垫和靠背会搭配其他材料，现代感较强	≥ 300 元 / 张

（2）不同材质餐桌的预算

名称	种类	特点	预算估价
实木餐桌	雕花实木	整体比较厚重，色彩多为深色，会搭配一些雕花或鎏金设计，适合古典一些的家居风格	≥ 3200 元 / 张
	简约实木	造型比较简约的实木餐桌，通常是浅色木质的，没有多余的装饰，适合简约的居室	≥ 1000 元 / 张
大理石餐桌	天然大理石	高雅美观，价格较高，具有天然的细孔，很容易被污染，且不易清洁	≥ 1400 元 / 张
	人造大理石	装饰效果不如天然大理石，但密度高，没有毛细孔，油污不容易渗入，容易清洁	≥ 1600 元 / 张
金属玻璃餐桌		腿部或框架为金属材料，面层使用钢化玻璃材质的餐桌，具有很强的通透感和现代感	≥ 500 元 / 张
板式餐桌		以人造板为基层造型，面层用饰面板装饰的餐桌，多为直线条款式，简洁、现代	≥ 260 元 / 张

（3）不同类型床的预算

名称	特点	预算估价
沙发床	多功能家具，沙发和床的组合。很适合小户型，平时折叠起来就是一张沙发，全部打开后就可以当作床使用	1600~3200 元 / 张
子母床	分为上下两层，两层一样宽或上窄下宽，适合用在儿童房中，通常是采用实木材料制作的	2500~3600 元 / 张

续表

名称	特点	预算估价
平板床	由基本的床头板、床尾板和骨架组成，样式简单，但适合的风格非常广泛。若觉得空间较小，或不希望受到限制，也可舍弃床尾板	1800~3200 元 / 张
软包床	床头或床尾板的部位用皮革、布料等搭配拉扣造型塑造出的软包造型，通常会搭配一些造型，适合宽敞的卧室	3800~7200 元 / 张
四柱床	四柱床是很有代表性的一种床的形式，在床的四个角设计有四根立柱，基本上每一种家居风格都有对应的四柱床款式，但最经典的还是中式、欧式和东南亚风格的	4500~12000 元 / 张

（4）不同类型柜、架的预算

名称	特点	预算估价
全实木柜、架	分为全实木和拼接实木两个种类。全实木可以设计成雕花的造型，表面辅以鎏金、描金、彩绘等工艺，有高贵的设计效果；拼接实木则具有较高的性价比，并且形体的设计样式比较多	600~12000 元 / 个
玻璃柜、架	玻璃部分为了安全，多采用钢化玻璃，坚固耐用、耐高温，方便清洁、打理；玻璃多用在柜、架的门板或隔板部位，具有良好的通透性，尤其适合面积较小的空间	450~5200 元 / 个
板式柜、架	采用合成板材为基层，面层搭配饰面板制作的柜、架，色彩和纹理比实木类型的更丰富，但没有办法做过于复杂的造型，多为直线条款式，样式比较简洁	300~2200 元 / 个
镜面柜、架	镜面材质的主要设计在柜体的门板上，常用的有银镜及咖镜。通过镜面的反射效果，增加柜体的设计感	1200~3600 元 / 个
金属柜、架	适合做柜体的外框架，比如柜腿、书架的结构等，坚固耐用，不易变形，通透性好；带有色彩的金属材质还具有丰富的装饰效果	400~2600 元 / 个

2. 灯具

（1）不同材质吊灯的预算

名称	特点	预算估价
金属吊灯	金属的主要使用位置为灯架的部分，常用的有铁艺、铜和不锈钢，前两种比较复古，后一种比较现代、时尚	150～6500 元 / 盏
树脂吊灯	欧式灯具中使用的比较多，树脂重量轻，易于塑形，可仿制各种材料的质感，装饰效果出色	450～2200 元 / 盏
实木吊灯	有两种类型，一种是中式吊灯，所用实木多为深色，搭配雕花造型，古朴而典雅；另一种是北欧吊灯，浅色为主，搭配金属或玻璃罩	120～650 元 / 盏
布艺罩吊灯	具有柔和的灯光，有简洁的设计外形，罩面的布艺颜色经常选择暖色系的色调，如米色、黄色等	150～3500 元 / 盏
羊皮吊灯	羊皮吊灯灯光柔和，具有温馨、宁静的氛围，多搭配实木架，羊皮上会做一些彩绘图案	65～1100 元 / 盏
纸吊灯	罩面为纸的吊灯，纸可以折叠出各种造型，此类吊灯非常具有个性，色彩较少	200～1800 元 / 盏
水晶吊灯	具有代表性的西式灯具，水晶分为天然和人造两大类，天然的效果好但价格高，现使用的多为人造材质	2600～4200 元 / 盏
玻璃吊灯	吊灯罩面的部分使用玻璃，是非常常见的灯罩材料，有透明、白色光面、白色磨砂等多种款式	100～1500 元 / 盏

（2）不同造型吸顶灯的预算

名称	特点	预算估价
方罩吸顶灯	方罩吸顶灯即形状为长方形或正方形的罩面吸顶灯。造型比较简洁，适合设计在现代风格、简约风格的客厅或卧室中	450~900 元 / 盏

续表

名称	特点	预算估价
圆球吸顶灯	形状为一个整体的圆球状，直接与底盘固定的吸顶灯。造型具有多种样式，装饰效果较佳，适合安装在层高较低的客厅空间中	1100~2200 元 / 盏
尖扁圆吸顶灯	尖扁圆形状的吸顶灯，适合安装在层高较低的空间。造型带有优美的流动弧线	850~1600 元 / 盏
半圆球吸顶灯	形状是圆球吸顶灯的一半，灯光分布更加均匀，十分适合需要柔和光线的家居空间	950~1800 元 / 盏

（3）不同点光源灯具的预算

名称	特点	预算估价
下照射灯	光源自上而下做局部照射和自由散射，光源被合拢在灯罩内。可装于顶棚、床头上方、橱柜内，还可以吊挂、落地、悬空，此种灯具灯泡瓦数不宜过大，光线过强容易让人感觉刺眼	25~50 元 / 盏
路轨射灯	主材为金属喷涂或陶瓷材料，色彩可选择性较多。可用于客厅、过道、卧室或书房中，通常是多盏一起使用的。路轨适合装于顶棚下 15~30 厘米处，也可装于顶棚一角靠墙处	45~75 元 / 盏
嵌入式筒灯	需要与吊顶配合使用，嵌入到吊顶内，灯光向下投射，形成聚光效果。如果想营造温馨的氛围，可以用多盏筒灯来取代主灯	20~32 元 / 盏
明装筒灯	外表看起来是一个较短的圆柱形，这种筒灯不必受吊顶的限制，即使不设计吊顶造型，也可以安装	29~65 元 / 盏
台灯	台灯主要设计在客厅、卧室以及书房等空间，常搭配角几等家具共同出现。台灯不仅具有照明作用，还具有很强的装饰性	45~75 元 / 盏
落地灯	落地灯在空间内的使用并不频繁，但却有着独特的特点，它可以代替书房内的主灯、客厅内的台灯、卧室内的壁灯等诸多灯具，且可以随意移动	150~1500 元 / 盏

续表

名称	特点	预算估价
壁灯	壁灯较多的会安装在客厅和卧室中，有时餐厅、卫浴间和过道也会安装，设计壁灯的空间，墙面宜做相应的造型设计，来使壁灯融入其中，能起到很好的烘托效果	85~650 元 / 盏

3. 布艺织物

（1）不同形式窗帘的预算

名称	特点	预算估价
平开帘	将窗帘平行地朝两边或中间拉开、闭拢，以达到窗帘使用的基本目的，就是平拉帘，是比较常用的一种窗帘，最常见的有一窗一帘、一窗二帘或一窗多帘	50~90 元 / 米
卷帘	利用滚轴带动圆轨卷动帘子上下拉开、闭拢，以达到窗帘使用的基本目的，就是卷帘，制作材料的选择性较多。最具代表性的卷帘就是罗马帘，装饰效果极佳	80~150 元 / 米
百叶帘	百叶帘由很多宽度、长度统一的叶片组成，将它们用绳子穿在一起，通过操作使帘片上下开收来调光，是成品帘里最常见的，样式简洁、大气、易清理	35~150 元 / 米
线帘	线帘的特点是带有千丝万缕的数量感和若隐若现的朦胧感，能够为整个居室营造出一种浪漫的氛围，使用灵活、限制小，还可作为软隔断使用	25~70 元 / 米

（2）不同材质地毯的预算

名称	特点	预算估价
羊毛地毯	毛质细密，具有天然的弹性，受压后能很快恢复原状。采用天然纤维，不带静电，不易吸尘土，具有天然的阻燃性。图案精美，不易老化褪色，吸音、保暖、脚感舒适	700~9500 元 / 块

续表

名称	特点	预算估价
化纤地毯	也叫合成纤维地毯，又可分为丙纶化纤地毯、尼龙地毯等。是用簇绒法或机织法将合成纤维制成面层，再与麻布底层缝合而成。饰面效果多样，如雪尼尔地毯、PVC 地毯等，耐磨性好，富有弹性	150~1200 元 / 块
混纺地毯	由毛纤维和合成纤维混纺制成的，使用性能有所提高。色泽艳丽，便于清洗，克服了羊毛地毯不耐虫蛀的缺点，具有更高的耐磨性、吸音、保湿、弹性好、脚感好，性价比较高	200~1500 元 / 块
编织地毯	由麻、草、玉米皮等材料加工漂白后编织而成的地毯。拥有天然粗犷的质感和色彩，自然气息浓郁，非常适合搭配布艺或竹藤家具，但不好打理，且非常易脏	200~1100 元 / 块
皮毛地毯	由整块毛皮制成的地毯，最常见的是牛皮地毯，分天然和印染两类。脚感柔软舒适、保暖性佳，装饰效果突出，具有奢华感，能够增添浪漫色彩，但不好打理	400~3800 元 / 块
纯棉地毯	由纯棉材料制成的地毯，吸水性佳，材质可塑性佳，可做不同立体设计变化，清洁十分方便，可搭配止滑垫使用	100~800 元 / 块

（3）不同材质床品套件的预算

名称	特点	预算估价
纯棉床品	具有较好的吸湿性，柔软而不僵硬，透气性好，与肌肤接触无任何刺激，久用对人体有益无害。方便清洗和打理，价格适中，支数越高越舒适	150~1100 元 / 套
亚麻床品	麻类纤维具有天然的优良特性，是其他纤维无可比拟的。具有调温、抗过敏、防静电、抗菌的功能，吸湿性好，能吸收相当于自身重量 20 倍的水分，所以亚麻床品手感干爽。纤维强度高，不易撕裂或戳破，有良好的着色性能，具有生动的凹凸纹理	350~2100 元 / 套

续表

名称	特点	预算估价
磨毛床品	又称为磨毛印花面料，属于高档精梳棉，蓬松厚实，保暖性能好。表面绒毛短而密，绒面平整，手感丰满柔软，光泽柔和无极光，保暖但不发热，悬垂感强、易于护理，颜色鲜亮，不褪色、不起球	350~1600 元 / 套
真丝床品	真丝的吸湿性、透气性好，静电性小，有利于防止湿疹、皮肤瘙痒等皮肤病的产生。手感非常柔软、顺滑，带有自然光泽，适合干洗，水洗容易缩水。非常耐磨，不容易起球、不会掉色	1200~8500 元 / 套
竹纤维床品	竹纤维面料是当今纺织品中科技成分最高的面料，以天然毛竹为原料，经过蒸煮水解提炼而成。亲肤性好，柔软光滑、舒适透气，可产生负离子及远红外线，能促进血液循环和新陈代谢	350~1500 元 / 套
法莱绒床品	是经过缩绒、拉毛等一系列工序制作而成，不露织纹，表面覆满绒毛，面料厚实，毛绒的密度高且扎实，不易掉毛，手感柔软平整、光滑、舒适，具有非常好的保暖性	150~800 元 / 套

4. 装饰画

不同形式装饰画的预算。

名称	特点	预算估价
中国画	中国画是用毛笔蘸水、墨、彩作画于绢或纸上。题材可分为人物、山水、花鸟。画风淡雅而古朴，讲求意境的塑造，分为黑白和彩色两种。色彩变化微妙，意境丰富。适合在中式风格家居中使用	≥ 300 元 / 幅
书法作品	书法作品经过装裱后悬挂在墙面上，可以起到装饰画的装饰作用。根据书法派别的不同，具有不同的韵味，但总体来说都具有极高的艺术感和文化氛围，很适合用在中式客厅和书房中	≥ 150 元 / 幅

续表

名称	特点	预算估价
水彩画	水彩画与油画一样同属于西式绘画方法，用水彩方式绘制的装饰画，具有淡雅、透彻、清新的感觉，它的画面质感与水墨画类似，但色彩的搭配更多样化，没有特定的风格走向，根据画面和色彩选用即可	50~350 元/幅
油画	油画起源于欧洲，但现在并不仅限于西洋风格的画作，还有很多抽象和现代风格，适合各种风格的家居空间。它是装饰画中最具有贵族气息的一种，属于纯手工绘制，同时可根据个人需要临摹或创作，现在市场上比较受欢迎的油画题材一般为风景、人物和静物	≥ 300 元/幅
摄影画	是近现代出现的一种装饰画，画面有具象和抽象两种类型，具象通常包括风景、人物和建筑等主题；色彩有黑白和彩色两个类型，具有极强的观赏性和现代感，此类装饰画适合搭配造型和色彩比较简洁的画框	≥ 100 元/幅
木质画	原料为各种木材，经过一定的程序雕刻或胶粘而成。根据工艺的不同，总体说可以分为三类，有碎木片拼贴而成的写意山水画，层次和色彩感强烈；有木头雕刻作品，如人物、动物、脸谱等，立体感强，具有收藏价值；还有在木头上烙出的画作，称为烙画，是很有中式特色的一种画作	200~8800 元/幅
镶嵌画	是指用各种材料通过拼贴、镶嵌、彩绘等工艺制作成的装饰画，常用的材料包括立体纸、贝壳、石子、铁、陶片、珐琅等，具有非常强的立体感，装饰效果个性，不同风格的家居可以搭配不同工艺的镶嵌画	300~2000 元/幅
金箔画	原料为金箔、银箔或铜箔，制作工序较复杂，底板为不变形、不开裂的整板，经过塑形、雕刻、漆艺加工而成的，具有陈列、珍藏、展示的作用，装饰效果奢华但不庸俗，非常高贵，适合现代、中式和东南亚风格家居	200~2600 元/幅
玻璃画	是在玻璃上用油彩、水粉、国画颜料等绘制而成的，利用玻璃的透明性，在着彩的另一面观赏，用镜框镶嵌后具有很强的装饰性，题材多为风景、花鸟、人物和吉祥如意的图案，色彩鲜明强烈	180~600 元/幅

续表

名称	特点	预算估价
铜版画	基材是铜版，在上面用腐蚀液腐蚀或直接用针、刀刻制出画面，属于凹版，也称"蚀刻版画"，制作工艺非常复杂，所以每一件成品都非常独特，具有艺术价值	800～4200元/幅
丙烯画	用丙烯颜料绘制成的画作，色彩鲜艳，坚固耐磨，耐水，耐腐蚀，抗自然老化，不褪色，不变质脱落，画面不反光，是所有绘画中颜色最饱满浓重的一种	200～1200元/幅

5. 工艺品

不同材质工艺品的预算。

名称	特点	预算估价
树脂工艺品	以树脂为主要原料制成的工艺品，无论是人物还是山水都可以做成，还能制成各种仿真效果，包括仿金属、仿水晶、仿玛瑙等，比陶瓷等材料抗摔，且重量轻	50~1500元/个
金属工艺品	以各种金属为材料制成的工艺品，包括不锈钢、铁、铜、金银和锡等，款式较多，有人物、动物、抽象形体、建筑等，做旧处理的金属具有浓郁的朴实感，光亮的金属则非常时尚，金属工艺品使用寿命较长，对环境条件的要求较少	20~800元/个
木质工艺品	有两大类，一种是实木雕刻的木雕，包括各种人物、动物，甚至是中国文房用具等；还有一种是用木片拼接而成的，立体感更强。优质的木雕工艺品具有收藏价值，但对环境的湿度要求较高，不适合过于干燥的地方	60~3200元/个
水晶工艺品	单独以水晶制作或将水晶与金属等材料结合制作的工艺品，水晶部分具有晶莹通透、高贵雅致的观赏感，不同的水晶具有不同的作用，有较高的欣赏价值和收藏价值，具有代表性的是各种水晶球、动物及植物形的摆件等	30~3000元/个
陶瓷工艺品	可以分为两类：一类是瓷器，款式多样，主要以人物、动物或瓶件为主，除了常见的式样，还有一些仿制大理石纹的款式，制作精美，即使是近现代的陶瓷工艺品也具有极高的艺术价值；另一类是陶器，款式较少，样式比较质朴	20~4200元/个

计算家具尺寸与空间的比例，避免退换货开支

家具是家居软装的重中之重，占预算比例较大。在准备购买家具之前，除了要考虑家具造型是否与家居风格相符、材质是否耐用之外，一定不能忽视尺寸问题。要对家居空间进行尺寸测量，还要了解家具的基本尺寸，防止买回来的家具放不下的问题发生。

1. 客厅常见家具的基本尺寸

（1）电视柜

常见高度： 一般来说，电视柜比电视长 2 / 3，高度在 40~60 厘米。

常见厚度： 电视大多为超薄和壁挂式，电视柜厚度多在 40~45 厘米。

（2）双人沙发

	尺寸
1	外围宽度一般在 140~200 厘米
2	深度大约是 70 厘米
3	人坐上沙发后坐垫凹陷的范围一般在 8 厘米左右为好

备注：数字代表波动区间，在这个范围内或是相近尺寸，皆属合理

（3）三人沙发

	尺寸
1	外围宽度一般在 140～200 厘米
2	深度大约有 70 厘米
3	人坐上沙发后坐垫凹陷的范围一般在 8 厘米左右为好

备注：数字代表波动区间，在这个范围内或是相近尺寸，皆属合理

（4）茶几

	尺寸
小型长茶几	长 60~75 厘米，宽 45~60 厘米，高 38~50 厘米（38 厘米最佳）
大型长茶几	长 150~180 厘米，宽 60~80 厘米，高 33~42 厘米（33 厘米最佳）
方形茶几	宽有 90、105、120、135、150 厘米几种；高为 33~42 厘米
圆茶几	直径有 90、105、120、135、150 厘米几种；高为 33~42 厘米

2. 餐厅常见家具的基本尺寸

（1）4 人餐桌

种类	尺寸
方桌	正方形一般为 800 毫米 ×800 毫米，长方形一般为 1400 毫米 ×800 毫米，也常见 1350 毫米 ×850 毫米、1400 毫米 ×850 毫米的尺寸
圆桌	表面直径一般为 900~1000 毫米

（2）6 人餐桌

种类	尺寸
方桌	一般长度为 1200~1500 毫米，宽为 800~900 毫米，即 1200 毫米 ×800 毫米、1400 毫米 ×800 毫米、1500 毫米 ×900 毫米。主要以 1400 毫米 ×800 毫米为主，既不占用太多空间，也较适合 6 口之家使用
圆桌	桌面直径一般为 1100～1250 毫米

🗹 3. 卧室常见家具的基本尺寸

（1）睡床

种类	尺寸
单人床标准尺寸	1.2 米 ×2.0 米或 0.9 米 ×2.0 米
双人床标准尺寸	1.5 米 ×2.0 米
大床标准尺寸	1.8 米 ×2.0 米

备注：以上是标准尺寸，以前床的长度标准是 1.9 米，现在品牌款式的床基本是 2.0 米。但注意这个床的尺寸是指床的内框架（即床垫的尺寸）

（2）衣柜

	尺寸
两门衣柜	1210 毫米 ×580 毫米 ×2330 毫米，适合小户型家居
四门衣柜	2050 毫米 ×680 毫米 ×2300 毫米，常见衣柜类型
五门衣柜	2000 毫米 ×600 毫米 ×2200 毫米，适合搭配家具套装
六门衣柜	2425 毫米 ×600 毫米 ×2200 毫米，适合大户型家居

🗹 4. 厨卫常见家具的基本尺寸

（1）整体橱柜

种类	尺寸
橱柜地柜	◆宽度 400~600 毫米为宜 ◆高度 780 毫米为宜
橱柜台面	◆橱柜台面到吊柜底，高尺寸 600 毫米，低尺寸 500 毫米 ◆宽度不可小于 900 毫米 ×460 毫米 ◆高度 780 毫米更为宜 ◆厚度有 10 毫米、15 毫米、20 毫米、25 毫米等
橱柜门板宽度	200~600 毫米

续表

种类	尺寸
橱柜吊柜	◆左右开门：宽度和地柜门差不多即可 ◆上翻门：尺寸最小 500 毫米，最大 1000 毫米 ◆深度最好采用 300 毫米及 350 毫米两种尺寸（一边墙一种深度）
橱柜底脚线	高度一般为 80 毫米
橱柜抽屉滑轨	有三节滑轨、抽邦滑轨、滚轮路轨等，尺寸为 250 毫米、300 毫米、350 毫米、400 毫米、450 毫米、500 毫米、550 毫米

（2）卫浴柜

序号	尺寸
1	主柜高度一般在 80～85 厘米
2	长为 800～1000 毫米（一般包括镜柜在内）、宽（墙距）为 450～500 毫米
3	人坐上沙发后坐垫凹陷的范围一般在 8 厘米左右为好

备注：浴室柜尺寸除了常用的几种以外，还有长达 1200 毫米，甚至 1600 毫米的

5. 玄关常见家具基本尺寸

（1）玄关鞋柜

序号	尺寸
1	高度不要超过 800 毫米，宽度根据所利用的空间宽度合理划分
2	深度是家里最大码鞋子的长度，尺寸通常在 300~400 毫米之间

（2）鞋架

	尺寸
1	高度不要超过 800 毫米，宽度根据所利用的空间宽度合理划分
2	深度是家里最大码鞋子的长度，尺寸通常在 300~400 毫米之间
3	鞋柜层板间的高度通常设定在 150 毫米之间

备注：如果想在鞋柜里摆放其他一些物品，则深度需在 400 毫米以上

把控家居配饰预算区间，以防冲动消费

由于家居风格的不同，居住者喜好的各异，在家居配饰的花费上差距很大。但是，家居配饰在家庭装饰中，毕竟起的是美化、点缀作用，因此点到为止即可，切不可盲目堆砌，使家居环境显得凌乱，同时又浪费钱财。

🏠 1. 不同档次家庭装修的配饰预算

	0.8~3 万元
中档型	1.8~6.3 万元
高档型	3~10.5 万元
豪华型	5~12 万元（或以上）

🏠 2. 家庭装修不同空间的配饰预算比例

每个家居空间软装的开支占总软装的开支比例一般为（不包括电器、家具）：客厅约 30%，餐厅约 10%，卧室约 25%，书房约 15%，厨房和卫浴间各占到5%，其他约 10%。

3. 不同配饰的价格区间

序号	尺寸
灯具	◆ 以盏或组计价 ◆ 材质和造型不同的灯具，价格差异较大 ◆ 进口灯具的价格尤高
地毯	◆ 价格因材质、花型、尺寸不同有所差异 ◆ 平均价格在 300~500 元 / 平方米 ◆ 也不乏上千元及百元左右的品种
窗帘	◆ 价格根据品种不同而有所差别 ◆ 落地窗帘的价格为 50~500 元 / 平方米；印花卷帘的价格为 20~45 元 / 平方米；百叶帘的价格为 45~75 元 / 平方米；风琴窗帘的价格为 50~1200 元 / 平方米
床品	◆ 以四件套为基础，低端产品百元左右，一些品牌产品定价在 500 元左右，价高者也有近万元的 ◆ 一般家庭选择 300 元左右的即可
装饰画	◆ 价格区间跨度大，从几十元到上万元的均有 ◆ 手工制作的装饰画价格偏高
工艺品	从几元钱到上万元的均有，可根据实际装修需要选择
花卉绿植	◆ 价格区间跨度大，一般家庭购置不超过千元 ◆ 追求品种的家庭，可根据实际预算选购

小贴士 配饰 DIY，省钱又新颖

除了购置合适的家具、饰物等，自己动手制作可以更好地体现出居住者的生活情调。利用家中不用的废弃物，通过创意巧思，不仅可以美化家居，而且对废弃物本身也进行了重新利用，解决了浪费的问题。另外，旧物利用相比重新购买，也更节省资金。